INVENTAIRE
V/15505

AF501554

EXPOSITION UNIVERSELLE DE VIENNE

EN 1873.

SECTION FRANÇAISE.

RAPPORT

SUR

LES TRAVAUX DU GÉNIE CIVIL,

PAR

M. KLEITZ,

INSPECTEUR GÉNÉRAL DES PONTS ET CHAUSSÉES,
PRÉSIDENT DU JURY INTERNATIONAL DU GROUPE XVIII.

PARIS.

IMPRIMERIE NATIONALE.

M DCCC LXXV.

TRAVAUX DU GÉNIE CIVIL.

OBSERVATIONS PRÉLIMINAIRES.

Le groupe XVIII de l'Exposition universelle de 1873 avait pour titre : Travaux de l'architecture et du génie civil (*Bau und Civil Ingenieur Wesen*).

D'après le règlement du Jury, en date du 15 février 1873, ce groupe se divisait en trois sections, savoir :

1re section. — Plans, modèles et dessins de maisons et de monuments publics.
2e section. — Travaux hydrauliques.
3e section. — Matériel et procédés de construction de routes et de chemins de fer.

Notre collègue, M. l'architecte Lance, a bien voulu se charger du rapport concernant la première section[1]. Nous ne nous occuperons donc que des deux autres sections, c'est-à-dire des travaux publics autres que ceux de l'architecture.

Dans le présent rapport, nous ne pourrons que donner un aperçu général des ouvrages exposés, et nous nous bornerons à faire connaître ceux auxquels le Jury a décerné des récompenses. Nous ne mentionnerons pas d'ailleurs les matériaux de construction, ni les appareils d'outillage d'ordre secondaire, bien qu'ils aient obtenu des médailles ou des mentions honorables. Leur indication, avec les explications indispensables, prendrait encore trop de place, et une simple nomenclature ferait double emploi avec la liste générale des récompenses.

[1] M. Lance, enlevé à l'affection de ses amis peu de temps après son retour de Vienne, n'a pu rédiger ce rapport, dont M. Bailly, l'éminent architecte de la ville de Paris, membre du Jury international pour le XIXe groupe, a bien voulu se charger.

Nous ne discuterons pas les mérites comparatifs des travaux de même nature exécutés dans des systèmes différents. S'il fallait, en effet, traiter les questions techniques que soulève une si grande variété d'ouvrages entrepris dans des pays différents, sous l'influence d'idées et de circonstances locales imparfaitement connues, nous n'accepterions pas une pareille tâche, et elle dépasserait réellement le cadre dans lequel nous croyons devoir nous renfermer. Nous serons donc très-sobre d'observations critiques dans les appréciations que nous nous permettrons quelquefois d'ajouter à la description sommaire de ces ouvrages. Le relevé des récompenses accordées au groupe XVIII, que nous présenterons à la fin de ce rapport, donnera, du reste, une mesure tout à fait impartiale de l'importance des expositions des diverses nations.

FRANCE.

OBSERVATIONS GÉNÉRALES.

Avant de commencer la description des ouvrages exposés dans la section française, nous devons signaler la belle installation de l'exposition du Ministère des travaux publics et de celle de la Ville de Paris.

Les dessins et modèles du Ministère des travaux publics étaient réunis dans une grande salle rectangulaire, divisée en trois compartiments ayant ensemble 33 mètres de largeur et une longueur de 11 mètres. Ses murailles étaient entièrement recouvertes par des dessins qui avaient tous leurs places déterminées par avance, sans laisser aucun vide entre eux.

En face de la porte d'entrée apparaissait la grande carte artistique des voies de communications, qui était d'un effet saisissant.

Au milieu de la salle, sur un support entouré d'un sofa, tournait un appareil lenticulaire pour éclairage de phare; des modèles d'ouvrages d'art, ou de machines, étaient répartis symétriquement, de manière à remplir la salle sans produire de confusion.

De nombreuses collections photographiques des principaux travaux de chemins de fer, ainsi que des livres traitant de l'art des constructions, notamment les cours de l'École nationale des ponts et chaussées, étaient rangés sur des tables à la disposition des visiteurs.

Cet arrangement harmonieux de l'exposition du Ministère des travaux publics était sans contredit l'une des choses les mieux réussies à l'Exposition de Vienne. Il était dû à M. l'inspecteur général Reynaud, sous la direction duquel toute la charpente et toute la menuiserie de la salle avaient été exécutées à Paris.

Cette exposition ne comprenait que des œuvres entreprises ou achevées depuis l'Exposition de Paris en 1867. Mais elle formait néanmoins un ensemble complet de travaux de routes, de chemins de fer et de ports de mer, et elle pouvait être mise en parallèle, sans le moindre risque d'infériorité, avec les plus importantes expositions des autres nations. Son succès a, en effet, été constaté par le grand nombre de récompenses que le Jury lui a décernées. Si l'on n'y remarquait pas de ces ponts à grande portée, exécutés en Hollande, en Allemagne, en Autriche et en Hongrie, auxquels les constructeurs français ont du reste pris une large part, c'est que rien n'aurait justifié l'adoption, en France, d'ouvertures aussi considérables. Le caractère essentiel de notre exposition était celui de l'économie combinée avec la solidité, et, à cet égard, il faut bien reconnaître que l'organisation hiérarchique du Corps des ponts et chaussées offre les plus sûres garanties contre un entraînement vers des solutions qui seraient plus grandioses que rationnelles.

L'exposition de la Ville de Paris était également splendide, et installée avec beaucoup d'ordre et de goût.

Elle occupait trois salles communiquant entre elles, et ayant ensemble 33 mètres de largeur sur $17^{m},25$ de longueur. Outre les travaux publics, architecture comprise, qui étaient représentés par de nombreux et charmants dessins et modèles, elle se composait d'une collection admirable de tableaux, gravures, photographies, sculptures, et enfin de documents historiques des plus intéressants.

Quant aux expositions particulières, on verra qu'elles ont fait honneur à notre industrie nationale, lorsque nous décrirons les grands ponts exécutés en Autriche, en Italie et en Hongrie par les Sociétés du Creuzot, de Fives-Lille et des Batignolles, et les travaux de la régularisation du Danube devant Vienne, confiés à des entrepreneurs français, MM. Castor Hersent et Couvreux.

EXPOSITION DU MINISTÈRE DES TRAVAUX PUBLICS.

Les divers ouvrages qui composaient l'exposition collective du Ministère des travaux publics sont décrits d'une manière complète dans le volume de Notices qui a été publié à cet effet. Nous devons nous borner à une description sommaire, qui suffise à faire comprendre la destination et les principales dispositions de ces ouvrages.

Carte des voies de communication de la France. — Cette carte est dressée à l'échelle de $\frac{1}{320000}$. Elle est peinte à l'huile. Le fond général est vert olive. Les reliefs des principales chaînes de montagnes sont accusés par des teintes plus foncées de manière à faire ressortir les faîtes. Les rivières et les canaux sont figurés par des traits bleus, les chemins de fer par des traits blancs, les routes nationales par des traits en brun foncé, et les routes départementales par des traits de même teinte, mais plus minces.

Les chefs-lieux de département sont marqués par des boutons dorés, les chefs-lieux d'arrondissement par des boutons de même forme, mais plus petits, et les ports de mer par des boutons de forme spéciale.

Les phares sont indiqués par des points couleur de feu (jaune et rouge), et la partie lumineuse de chacun par un cercle argenté. L'ensemble de ces cercles qui s'entre-croisent forme, autour du littoral des deux mers, une auréole continue qui se détache sur la teinte bleue de la mer, et qui met en évidence la perfection de l'éclairage de nos côtes.

Les principales lignes de navigation maritime sont représentées par des traits d'or, et des traits rouges marquent les fonds de 100, 200, 500 et 1,000 mètres de profondeur.

Cette carte présente cette particularité, qu'elle ne contient aucune dénomination de ville, ni de cours d'eau, etc. Cette absence d'écritures ajoute beaucoup au cachet artistique qui la distingue, et qui a été bien apprécié du public.

La carte a été dressée et peinte par M. de Dartein, ingénieur des ponts et chaussées, avec le concours de M. Boulard, dessinateur en chef à l'École des ponts et chaussées, et de M. Ciesielski.

Étude historique et statistique sur les voies de communication de la France. — Cette étude, basée sur des documents officiels, donne l'historique complet et la situation générale des travaux publiés en France. Elle traite successivement des routes, des chemins de fer, de la navigation intérieure, des ports de mer et des phares et balises. C'est un travail considérable et très-intéressant, qui fait grand honneur à son auteur, M. Lucas, ingénieur des ponts et chaussées.

Nouvelle gare des voyageurs du chemin de fer d'Orléans, à Paris. — La Compagnie du chemin de fer d'Orléans a exposé les dessins de la nouvelle gare des voyageurs, de Paris, et notamment ceux du bâtiment principal, avec sa grande halle couverte de 280 mètres de longueur et de 51^{m},50 de portée.

La gare occupe une surface, en bâtiments couverts, de 39.672 mètres carrés, et une surface, en cours non couvertes, de 32.172 mètres carrés. Elle a coûté, en tout, 18 millions de francs.

Les travaux ont été exécutés sous la haute direction de M. Didion, délégué général du conseil d'administration, et de M. Solacroup, directeur de la compagnie, par MM. Sevène, ingénieur en chef des ponts et chaussées, et Louis Raynaud, architecte principal.

Une description de cette gare monumentale est donnée dans les *Annales des ponts et chaussées* (1871, 1er volume).

Remise de locomotives de la gare de Montrouge sur le chemin de fer de Paris à Sceaux et à Limours. — Cette remise est construite pour seize machines. On lui a donné la forme de rotonde, à cause du défaut d'espace, qui n'aurait pas permis d'adopter une disposition différente.

La toiture est formée d'une pyramide tronquée à seize pans, embrassant à sa base un polygone dont le cercle inscrit a 45 mètres de diamètre, et surmontée d'une lanterne de $7^m,68$ de hauteur; la charpente, entièrement en fer, se compose principalement de 16 arbalétriers, dont la poussée est équilibrée par la tension d'une forte chaîne qui relie leurs pieds, sans le secours d'aucun tirant intérieur. A leurs bouts supérieurs, les arbalétriers s'appuient sur le cadre polygonal portant la lanterne, et ils sont reliés par neuf cours d'entretoises ou pannes.

Ce système de couverture de remise circulaire a déjà été appliqué, il y a plus de 25 ans, sur le chemin de fer d'Orléans, dans la gare de Tours, mais avec des dimensions moindres, le diamètre intérieur de la remise de Tours n'ayant que 20 mètres. Nous trouverons, au contraire, une application du même système, sur une échelle bien autrement grande, lorsque nous nous occuperons du Palais de l'Industrie de l'Exposition de Vienne dont la rotonde centrale a un diamètre inférieur de 101 mètres.

La charpente métallique de la remise de Montrouge a coûté 68,276 fr. 83 cent. pour 113,437 kilogrammes de fer et 3,550 kilogrammes de fonte, ensemble pour 116,987 kilogrammes de métal.

Les travaux dont il s'agit ici ont été exécutés sous la direction de M. Didion, délégué général du conseil d'administration, de M. Solacroup, directeur de la compagnie, et de M. Morandière, directeur des travaux neufs, par M. Malibron, ingénieur des ponts et chaussées, qui a rédigé le projet, et par M. Édouard Morandière, ancien élève de l'école polytechnique, qui a dirigé l'exécution et l'achèvement des travaux.

L'entreprise était confiée à la maison Boigues Rambourg et Cie, représentée par M. Ivon Flachat, son ingénieur.

Viaduc de la Bouble sur le chemin de fer de Commentry à Gannat. — Le viaduc de la Bouble a une longueur de 395 mètres, et se compose de six travées métalliques de 50 mètres d'ouverture, mesurée entre les axes des piles. Celles-ci sont formées d'une charpente en fer et en fonte.

montée sur un socle en maçonnerie. Les rails sont à 66 mètres au-dessus du niveau de la rivière.

Les trois piles centrales ont $55^{m},80$ de hauteur, depuis leur socle jusqu'au chapiteau qui supporte les poutres longitudinales des travées.

La charpente métallique d'une pile se compose de quatre colonnes en fonte de 50 centimètres de diamètre intérieur, inclinées avec un fruit de 25 millièmes suivant l'axe de la voie, et un fruit de 35 millièmes dans le sens transversal. Ces colonnes, remplies en béton, sont reliées horizontalement et verticalement par un système de barres formant des croix de Saint-André réparties en onze étages de 5 mètres. A leur partie inférieure les colonnes sont contrebutées par des arcs-boutants courbes. Dans l'axe vertical de la pile s'élève une colonne en fonte qui sert à soutenir les contreventements des divers étages, et autour de laquelle s'enroule une échelle hélicoïdale.

Le viaduc est à une voie. Les poutres longitudinales placées au-dessous des rails ont $4^{m},54$ de hauteur, et sont espacées à $3^{m},50$ d'axe en axe. Elles sont à treillis croisé ordinaire à grandes mailles de 2 mètres en diagonale, avec montants verticaux de 2 mètres en 2 mètres. Elles sont continues et ont été lancées en une seule pièce à partir de la culée de rive gauche.

Ce lancement s'est effectué successivement, de manière que, le bout étant arrêté chaque fois à l'aplomb d'une pile, on a élevé les sept étages supérieurs de sa charpente en faisant descendre du tablier leurs diverses pièces, d'après le procédé employé pour la première fois au viaduc de Fribourg (Suisse), et depuis lors à d'autres ouvrages du même genre.

Le poids du métal employé à chacune des trois piles à onze étages se compose de 151,000 kilogrammes de fonte et de 44,600 kilogrammes de fer. Chaque travée de 50 mètres pèse 120,000 kilogrammes.

La dépense totale se décompose comme il suit :

Cinq piles.	399,670 francs.
Six travées de 300 mètres de longueur, ensemble.	809,653
Maçonneries et abords.	290,347
Total.	1,100,000

Les travaux ont été exécutés de 1868 à 1870, sous la direction supérieure de M. Didion, délégué général du conseil d'administration de la compagnie d'Orléans, et de M. Thirion, directeur du réseau central, par MM. Nordling, ingénieur en chef, Delom et Geoffroy, ingénieurs ordinaires. C'est à M. Nordling en particulier que sont dues toutes les dispositions des piles métalliques.

L'entreprise de la partie métallique était confiée à la maison Cail et Cie et à la société de Fives-Lille, représentées par M. Moreau, leur ingénieur en chef.

Un mémoire de M. Nordling, inséré aux *Annales des ponts et chaussées* (1870, 1er volume, page 125), fait connaître les dispositions détaillées et les conditions d'établissement du viaduc de la Bouble, ainsi que de trois autres viaducs semblables construits sur la ligne de Commentry à Gannat.

Viaduc de l'Osse sur le chemin de fer d'Agen à Tarbes. — Le viaduc de l'Osse se compose de sept travées ayant une portée de $28^{m},80$ pour les travées extrêmes et de $38^{m},40$ pour les travées intermédiaires. Son élévation au-dessus de la rivière varie de $17^{m},54$ à $21^{m},86$.

Le tablier métallique, qui présente une inclinaison de 25 millièmes, est supporté, dans l'intervalle des culées en maçonnerie, par six doubles tubes en fonte de $1^{m},70$ de diamètre, remplis en béton.

Ces colonnes, formées d'anneaux solidement boulonnés entre eux, sont encastrées dans le sol, afin de présenter plus de résistance contre le déversement.

Le tablier est à une voie, avec poutres longitudinales en treillis ordinaire et suivant des dispositions usitées.

La dépense totale du viaduc s'est élevée à 563.087 francs, et revient à 2.255 fr. 55. cent. par mètre courant et à 112 fr. 79 cent. par mètre carré d'élévation au-dessus du sol, tant pleins que vides.

Le prix du mètre courant de tablier, sans compter les piles et les culées, est de 1,431 fr. 13 cent., et celui du mètre de hauteur de pile métallique est de 1,369 fr. 45 cent.

Les travaux ont été projetés et exécutés sous la direction de MM. Surell, directeur de la compagnie du Midi, Paul Regnaud, ingénieur en chef, et Boutellier, ingénieur ordinaire de la construction.

L'entreprise était confiée à la maison Cail et Cie.

Rails en acier employés par les grandes compagnies des chemins de fer. — Les Compagnies des chemins de fer de l'Est, du Midi, du Nord, de l'Ouest et de la Méditerranée ont exposé des types de rails en acier obtenu soit par le procédé Bessemer, soit par le procédé Martin, et ont fait connaître les résultats des expériences auxquelles ces rails, depuis longtemps employés par elles, ont été soumis.

Voici le résumé sommaire des expériences faites par la compagnie de l'Est :

L'élasticité à la flexion commence à s'altérer, pour les rails en fer, à la tension de 25 kilogrammes par millimètre carré, et pour les rails en acier, à la tension de 38 kilogrammes.

Presque tous les rails en fer se rompent sous un moment inférieur à 8,250 kilogrammètres, tandis que les rails en acier résistent à plus de 9,500 kilogrammètres, l'appareil d'épreuve ne permettant pas de mesurer un plus grand moment. Sous le choc d'un mouton de 300 kilogrammes tombant sur un rail au milieu de l'intervalle de $1^{m},10$ qui sépare les points d'appui, la hauteur moyenne de rupture est de $1^{m},60$ pour les rails en fer, tandis qu'elle dépasse $4^{m},60$ pour les rails en acier. La plupart de ces derniers rails n'ont pu être rompus avec la chute maximun de $5^{m},00$ que comportait l'appareil.

De ces expériences on peut conclure que le rapport des résistances à la flexion pour des rails de même section, en acier ou en fer, est de 1,50 à 1 jusqu'à la limite d'élasticité, et que celui des résistances à la rupture par choc est beaucoup plus élevé encore.

La compagnie de la Méditerranée a constaté les faits suivants :

On n'observe sur les rails en acier, employés depuis plus de 5 ans, aucune déformation, mais seulement une usure dont l'uniformité atteste la parfaite homogénéité du métal.

Plusieurs sections d'essai ont été vérifiées après le passage de 40,000 trains; l'usure a été de $\frac{4}{5}$ de millimètre dans le sens vertical, soit de 1 millimètre par 50,000 trains. Comme le champignon du rail Vignole, employé par la compagnie, peut, sans être trop affaibli, être recoupé ou s'user uniformément de 10 millimètres et plus, on est en droit d'admettre que les rails en acier ne seront hors de service qu'après le passage de 500,000 trains. Si, pour faire la part des accidents et des chances d'erreur, on admet seulement le chiffre limite de 400,000 trains, et que, d'une autre part, on considère que la durée moyenne des rails en fer correspond, dans les mêmes conditions, au passage de 80,000 trains, on arrive à cette conclusion, que les rails en acier doivent durer au moins cinq fois autant que ceux en fer.

Des ruptures de rails en acier se sont produites dans la proportion moyenne d'un rail par 15 kilomètres de voie et par année. Mais ces ruptures, survenues, pour la plupart, dès les premiers jours de l'emploi, doivent être attribuées le plus souvent à un défaut de fabrication. Quand ils ont résisté pendant quelques mois, les rails en acier peuvent être considérés comme étant à l'abri de toute chance de rupture.

Les six compagnies exposantes indiquent les types de rails que chacune adopte de préférence; elles sont unanimes à proclamer les grands avantages des rails en acier au point de vue de la régularité de la voie, de la sécurité de l'exploitation et de l'économie finale dans les dépenses d'établissement et d'entretien.

Les rails en acier sont employés avec succès sur les chemins de fer de toutes les nations. Mais aucune compagnie étrangère n'a présenté à l'Exposition de Vienne des documents aussi précis que ceux que nous venons de mentionner.

Endiguement de la Seine maritime. — Les travaux d'endiguement de la Seine maritime ont figuré à l'Exposition de 1873 par une carte hydrographique très-bien faite de la baie de Seine entre Quillebœuf et la mer, dressée en 1872. La notice qui y était jointe rendait compte de l'ensemble des travaux exécutés, des dépenses faites et des résultats obtenus. Ces travaux ont déjà figuré à l'Exposition de 1867, et il serait superflu d'en donner la description. Néanmoins les nouveaux renseignements fournis par les ingénieurs sur le maintien de l'amélioration du chenal, sur le mode d'exécution et d'entretien des digues, et sur le régime de la baie, présentaient beaucoup d'intérêt.

La carte hydrographique a été exécutée, sous la direction de MM. Lemaître, ingénieur en chef, et Alard, ingénieur ordinaire, par M. le conducteur Roquancourt.

Amélioration de la navigation entre Paris et Auxerre. — Les travaux d'amélioration s'appliquent à la rivière d'Yonne, depuis Auxerre jusqu'à Montereau, sur 120 kilomètres, et à la Seine, depuis Marcilly jusqu'à Paris, sur 187 kilomètres.

Les barrages éclusés, au moyen desquels on a substitué une navigation continue à la navigation intermittente par flots, ont déjà été exposés en 1867, à Paris, et sont trop connus pour qu'il y ait à en faire ici une description nouvelle.

Sur l'Yonne, ainsi que sur la Seine, on a appliqué à tous les barrages entrepris depuis 1860 le système des hausses mobiles de M. Chanoine.

Les barrages se composent, comme on le sait, d'une passe, principalement destinée à l'écoulement des grandes eaux, et d'un déversoir, qui a pour objet de débiter les petites crues fréquentes et de régler le niveau de la retenue. Sur la Seine et sur la partie de l'Yonne située en aval de la Roche, les déversoirs, de même que les passes, sont fermés par des hausses. Celles des passes sont abattues au moyen de la barre à talons manœuvrée de la rive, et elles sont relevées à l'aide de gaffes par des hommes placés dans un bateau. Les hausses des déversoirs étaient censées devoir s'abattre et se relever spontanément, suivant le niveau de l'eau et selon les besoins. Mais, lorsqu'en 1868 on voulut faire l'essai de la navigation continue entre la Roche et Paris, on reconnut qu'avec des hausses automobiles, qui s'abattaient trop facilement et se relevaient trop tard, il serait impossible de maintenir la régularité de la navigation, et l'on dut établir, en amont de tous les barrages, des passerelles d'où les hausses sont manœuvrées à la main. Ces passerelles, disposées avec des fermettes, comme les barrages Poirée, ont été construites à tous les barrages, et aujourd'hui les manœuvres se font d'une manière très-satisfaisante.

La nécessité d'ajouter une passerelle aux barrages Chanoine a naturellement conduit à abandonner ce système pour les déversoirs nouveaux; dans les barrages exécutés en amont de la Roche, on n'a conservé les hausses que pour les passes, et l'on est revenu, pour les déversoirs, au système si simple de M. Poirée.

Cependant, pour l'un de ces déversoirs, l'Administration a autorisé l'essai du système de feu M. Girard, ingénieur civil bien connu par diverses inventions, notamment par celle d'une excellente roue hydraulique.

Ce système de barrage, tel qu'il a été appliqué, sur l'Yonne, au déversoir du barrage de l'île Brûlée, près d'Auxerre, a été exposé à Vienne par un modèle très-exact.

Il consiste en de grandes vannes en bois qui tournent autour de leur bord inférieur sur un axe horizontal en fer passant dans une gorge en fonte scellée sur la crête du radier du déversoir. A chacune de ces vannes sont attachées, du côté d'aval, trois bielles assemblées à leur pied à une traverse en fonte. Cette traverse, guidée par des glissières, peut se mouvoir contre le radier; elle est fixée au piston d'une presse hydraulique, en sorte que, si elle est poussée en avant, la vanne se lève.

Chaque presse reçoit l'eau à haute pression par un tube spécial en cuivre, partant du réservoir de force où l'eau est tenue à une pression de 25 à 30 atmosphères. De cette manière chaque vanne peut être manœuvrée directement et isolément, de la rive, par un simple jeu de robinet.

L'eau est portée à haute pression au moyen d'une turbine à axe vertical, actionnant une pompe à double effet, la turbine étant elle-même mise en mouvement par une chute d'eau correspondant à la différence de niveau entre le bief d'amont et le bief d'aval.

Le déversoir de l'île Brûlée a 25 mètres de longueur. Son seuil est arasé à 2 mètres en contre-bas de la retenue d'amont. La chute est de $1^{m},85$; les vannes, au nombre de sept, ont $3^{m},52$ de largeur et $1^{m},97$ de hauteur.

Quand elles sont soulevées, elles sont inclinées à 5 de hauteur pour 1 de base. Abattues, elles sont couchées horizontalement sur le radier.

Les dispositions de détail de cet ouvrage sont décrites dans un mémoire inséré aux *Annales des ponts et chaussées* (1873, 2e volume).

Ce système de barrage mobile a coûté 50,000 francs, sans compter le coût des maçonneries, ce qui fait revenir le prix du mètre courant à 2,000 francs. Avec les maçonneries, le prix total serait de 3,000 francs par mètre.

Un déversoir dans le système Poirée ne coûte que 1,200 francs tout compris.

Construit depuis trois ans, ce barrage fonctionne très-bien et très-commodément; mais il est trop coûteux pour être appliqué aux déversoirs des barrages de navigation, et trop compliqué pour les passes, qu'il est besoin d'ouvrir ou de fermer seulement pour l'écoulement des grandes crues.

Sur la Seine, un travail important a été exécuté récemment à l'écluse et au barrage du Port-à-l'Anglais, près de Paris.

Pour avoir, au passage de cette écluse, le mouillage de 2 mètres qui existe dans la traversée de Paris, et qui sert de base à l'amélioration de la basse Seine, entre Paris et Rouen, on a dû abaisser d'un mètre le busc d'aval de l'écluse, et l'on a été conduit, par les circonstances locales, à établir une nouvelle passe de 28m,70 de largeur, en plaçant son seuil à 70 centimètres plus bas que celui de l'ancienne passe. Celle-ci est fermée par des hausses Chanoine s'élevant à 3 mètres au-dessus de leur seuil. La nouvelle passe est également fermée par des hausses semblables, mais ayant une hauteur verticale de 3m,70, qui n'avait pas encore été atteinte. Le niveau de la retenue normale dépasse de 3m,70 celui du seuil, et de 3 mètres celui de l'eau en aval. A cause des dimensions extraordinaires de ces appareils, diverses modifications de détail ont été apportées à leur construction. Une passerelle a d'ailleurs été établie à l'amont, avec fermettes Poirée, pour faciliter le relevage des hausses. Cette manœuvre se fait au moyen d'un treuil roulant.

Malgré la hauteur exceptionnelle de ces hausses, elles se manœuvrent sans difficulté, et depuis leur installation, en octobre 1870, elles n'ont éprouvé aucun dérangement. Il ne paraît pas douteux qu'elles ne puissent être appliquées à des hauteurs de retenue qui atteindraient jusqu'à 4m,50 du seuil.

La dépense de transformation du barrage et de l'écluse s'est élevée à 597,057 francs.

Un modèle de ces hausses et de la passerelle, ainsi que des dessins très-complets, ont été exposés à Vienne. Leurs dispositions de détail sont décrites dans un mémoire inséré aux *Annales des ponts et chaussées* (1873, 2e volume, page 98).

Le travaux de la haute Seine et de l'Yonne ont été projetés et dirigés par plusieurs ingénieurs qui se sont succédé. Les barrages de l'île Brûlée et du Port-à-l'Anglais ont été exécutés d'après les projets et sous la direction de M. Cambuzat, ingénieur en chef, et de MM. Remise et Boulé, ingénieurs ordinaires.

Machine d'alimentation du canal de l'Aisne à la Marne. — Pour assurer l'alimentation du canal de l'Aisne à la Marne, des machines élévatoires ont été établies à Condé pour refouler dans le bief de partage les eaux dérivées de la Marne.

Les travaux ont consisté : 1° dans un canal de dérivation de 18,368 mètres de longueur, ayant sa prise d'eau près de Châlons ; 2° dans l'usine hydraulique de Condé ; 3° dans une double conduite forcée de 621 mètres, suivie d'une rigole à ciel ouvert sur 7,605 mètres.

Le niveau normal de l'eau dans le bassin de l'usine est à l'altitude 78m,46. Les eaux sont montées dans la rigole à la cote 97m,55, soit à 19m,09 au-dessus du niveau du bassin de l'usine. L'étiage de la Marne à Condé étant à la cote 71m,54, et ses plus hautes eaux ne dépassant pas celle de 75m,34, on a créé une chute motrice dont la hauteur varie de 6m,92 à 3m,12.

Cette chute met en mouvement cinq turbines à axe vertical, du système Kœchlin, qui actionnent six pompes verticales à double effet. Ces pompes sont partagées en trois groupes de deux, et placées de manière que chacune des trois turbines centrales met directement en action les deux pompes voisines. Ces turbines sont d'ailleurs organisées de manière à pouvoir travailler soit ensemble, soit séparément ; les deux turbines extrêmes sont des machines de renfort qui peuvent être embrayées avec les turbines centrales, lorsque la chute motrice est réduite à sa plus faible hauteur.

Le volume d'eau amené à l'usine est évalué à 3,135 litres par seconde pour une profondeur d'eau de 1 mètre dans le canal, et à 13,670 litres pour la profondeur maximum de 2m,20.

Le volume d'eau versé dans le bief de partage varie entre 600 litres et 1,200 litres par seconde.

Tous les appareils de l'usine ont été exécutés avec une précision remarquable. Une amélioration très-importante a été apportée à la construction des pompes par l'emploi de clapets d'un nouveau système imaginé par M. l'ingénieur Gérardin. Ces clapets, munis de ressorts, se ferment lentement et sans choc, tandis qu'ils s'ouvrent, au contraire, avec une grande rapidité. A l'aide de l'indicateur Watt, on a observé que chaque clapet se lève brusquement, reste stationnaire pendant les $\frac{93}{100}$ de sa course, et retombe ensuite graduellement. Le mécanisme est si parfait, qu'on n'entend pas le moindre choc tant que les pompes ne battent pas plus de neuf coups de piston par minute.

Par des expériences précises, il a été constaté, d'une part, que le volume d'eau refoulé par les pompes était égal aux $\frac{95}{100}$ du volume engendré par les pistons, et, d'autre part, que, pour l'ensemble des machines, turbines et pompes, le rendement utile était de $\frac{67}{100}$ du travail de la chute d'eau.

Les travaux exécutés pour améliorer l'alimentation du canal de l'Aisne à la Marne ont donné lieu à une dépense de 2,537,200 francs, dans laquelle les machines élévatoires figurent pour 483,093 francs. Ils comprennent un grand nombre d'ouvrages importants, qu'il serait trop long de décrire, et pour lesquels nous ne pouvons que renvoyer au livre extrêmement intéressant publié par M. Gérardin, sous le titre de *Théorie des moteurs hydrauliques* (Imprimerie de Gauthier-Villars, 1872).

Commencés en 1867 et terminés en 1869, ils ont été projetés et dirigés par M. Dureteste, ingénieur en chef, et Gérardin, ingénieur ordinaire. Les machines ont été exécutées par M. Claparède, ingénieur constructeur à Saint-Denis.

Appareil de M. le marquis de Caligny pour le remplissage et la vidange des sas d'écluse. — M. le marquis de Caligny a inventé un appareil qui transforme la force vive possédée par un courant dont on arrête le mouvement en un travail élévatoire d'une partie de ses eaux. C'est un bélier hydraulique dont les organes essentiels sont un aqueduc où passe le courant, et deux tubes verticaux ouverts à leurs deux bouts, qu'on lève ou abaisse de manière à établir ou à arrêter ce courant.

Appliqué à une écluse de navigation, cet appareil permet de faire servir le travail de la chute de l'eau, pendant le remplissage et pendant la vidange du sas, à élever de l'eau soit du bief inférieur dans le sas, soit du sas dans le bief supérieur. Il a été installé, à titre d'essai, à l'écluse de l'Aubois, sur le canal latéral à la Loire. On a constaté que le volume d'eau dépensé pendant le remplissage et la vidange du sas ne représente que le $\frac{1}{6}$ de l'éclusée. C'est ce qui résulte d'expériences faites en 1868, dont il a été rendu compte à l'Académie des sciences, dans sa séance du 18 janvier, par un rapport de M. de Saint-Venant. Voici les principales dispositions qui ont été adoptées :

A côté de l'écluse, on a établi un aqueduc fermé du côté d'amont, et débouchant, du côté d'aval, dans le sas. Cet aqueduc, étant en contre-bas du niveau du bief d'aval, est constamment rempli d'eau. Vers l'extrémité d'amont, deux ouvertures circulaires sont pratiquées dans la voûte de l'aqueduc. Par l'une d'elles, l'aqueduc est en communication avec le bief supérieur; par l'autre, il l'est avec le bief inférieur, par l'intermédiaire d'un fossé de décharge qui forme aussi un bassin d'épargne. Sur chaque ouverture est enfin placé un tube cylindrique vertical, ouvert à ses deux bouts, et dont le bord supérieur dépasse de 10 centimètres le niveau du bief d'amont.

Lorsque ces tubes s'appuient sur leurs siéges, tout écoulement est intercepté. Si l'on soulève seulement le tube d'amont, l'eau du bief d'amont pénètre dans l'aqueduc et dans le sas; si l'on soulève seulement le tube d'aval, l'eau du sas sort par l'aqueduc pour entrer dans le bassin d'épargne, ou inversement l'eau de ce bassin arrive dans le sas suivant les niveaux respectifs.

Quand il s'agit de vider le sas, on soulève le tube d'aval; l'eau du sas passe dans le bassin d'épargne, qui est en ce moment au niveau du bief inférieur et en libre communication avec lui. Après que ce tube est resté soulevé pendant quelques secondes, afin que l'eau ait pu prendre sa vitesse, on le laisse retomber sur son siége. Alors, le courant dans l'aqueduc ne pouvant être anéanti instantanément, l'eau monte dans les tubes, et un certain volume vient se déverser par-dessus leur bord dans un réservoir qui communique avec le bief d'amont. La même manœuvre est ensuite répétée plusieurs fois, et le sas se vide en partie dans le bassin d'épargne et de là dans le bief d'aval, en partie dans le bief d'amont. Il arrive un moment où, la vidange du sas touchant sa limite, l'effet devient insignifiant. On ferme alors la communication entre le bassin d'épargne et le bief inférieur, et on élève une dernière fois le tube d'aval. L'oscillation qui se produit fait alors monter l'eau dans le bassin d'épargne à un niveau supérieur à celui du bief d'aval, en même temps que dans le sas l'eau est un peu plus basse que dans ce bief, ce qui fait que les portes d'aval s'ouvrent spontanément. Le tube d'aval étant d'ailleurs abaissé au moment voulu, il se trouve qu'on a ainsi recueilli, dans le bassin d'épargne, une trombe d'eau de 15 centimètres, qui sert ensuite au remplissage du sas.

Pour effectuer ce remplissage, on commence en effet par employer cette même trombe d'eau en soulevant le tube d'aval, et il se produit encore une oscillation à la fin de laquelle le niveau est plus élevé dans le sas que dans le bassin d'épargne, où il est plus bas que dans le bief inférieur, en sorte qu'on a introduit dans le sas non-seulement le volume épargné pendant la vidange précédente, mais encore un autre volume enlevé au bassin d'épargne, lequel lui est restitué par le bief d'aval.

Après cette oscillation initiale, on soulève le tube d'amont; l'eau du bief supérieur entre dans l'aqueduc et de là dans le sas. Au bout de quelques secondes, on le laisse retomber et on lève celui d'aval; l'eau en mouvement produit une aspiration ou une succion sur l'eau du bassin d'épargne alors en communication avec le bief inférieur, en sorte que l'eau arrivant dans le sas se compose d'une partie prise dans le bief supérieur, pour engendrer le courant, et d'une partie prise dans le bief inférieur. Le tube d'aval ayant été abaissé après cette première manœuvre, on la répète jusqu'à ce que la chute entre le bief supérieur et le sas soit trop affaiblie pour donner un résultat sérieux. On achève alors le remplissage du sas en tenant le tube d'amont soulevé. Il se produit ainsi une oscillation finale, en vertu de laquelle l'eau monte dans le sas un peu plus haut que dans le bief supérieur, et fait ouvrir spontanément les portes d'amont.

Le mouvement oscillatoire des tubes s'obtient à l'aide d'un système de leviers qui sont manœuvrés par l'éclusier, et dont il est facile d'imaginer la disposition.

Ce système fonctionne à l'écluse de l'Aubois depuis 1868. Des expériences faites avec soin ont donné les résultats suivants: Il suffit de sept ou huit oscillations pour emplir ou vider le sas en 5 ou 6 minutes. Pendant la vidange, le volume envoyé dans le bief supérieur, sans tenir compte de la grande oscillation finale, est d'environ 0,39 du volume total de l'éclusée. Pendant le remplissage, le volume aspiré du bief d'aval est d'environ 0,41 du volume de l'éclusée, même sans se servir de l'oscillation initiale qui accompagne l'introduction de la réserve du canal d'épargne. Pendant les deux opérations, le volume fourni par le bief supérieur au bief inférieur ne représente donc qu'environ 0,20 du volume nécessaire à l'éclusage. En utilisant l'oscillation finale de la vidange et l'oscillation initiale du remplissage, on est parvenu à réduire la dépense effective à 0,10 du volume de l'éclusée.

L'installation de l'appareil de M. de Caligny à l'écluse de l'Aubois a coûté 40,000 francs; mais la dépense serait moindre si les dispositions spéciales étaient exécutées au moment de la construction d'une écluse. Cette installation est décrite en détail dans le 3e volume du *Cours de navigation intérieure* de M. de Lagrenée, page 145.

Malgré la grande économie que cet appareil très-ingénieux permet de réaliser dans la dépense d'eau pour l'éclusage des bateaux, il ne nous paraît pas destiné à entrer dans la pratique des canaux. Sur les canaux à grande fréquentation, il faut avant tout abréger et simplifier les manœuvres, et même, sur les canaux où le mouvement est restreint, il doit être préférable, en général, d'employer les fonds qu'il faudrait dépenser pour le premier établissement et l'entretien des appareils, dans un grand nombre d'écluses, à accroître l'alimentation dans la mesure nécessaire. On ne pourrait d'ailleurs pas compter sur une épargne d'eau aussi considérable que celle qui a été obtenue dans des expériences précises faites en présence et sous la direction d'un ingénieur. L'invention de M. de Caligny conservera néanmoins un mérite très-grand, en tant qu'elle fournit un spécimen de machine élévatoire dont les organes sont simples et presque dépourvus de frottements, et qui peut donner un rendement utile fort élevé.

Barrage du Ban, construit pour l'alimentation de la ville de Saint-Chamond (Loire). — La ville de Saint-Chamond a fait construire sur le Ban, affluent du Gier, un barrage destiné à emmagasiner les eaux nécessaires tant à son alimentation en eaux potables qu'aux besoins industriels.

Cet ouvrage, entièrement en maçonnerie, présente une grande analogie avec le barrage du Gouffre d'Enfer, sur le Furens, et qui a figuré à l'Exposition universelle de 1867. Il n'en diffère essentiellement que par sa moindre hauteur, par sa longueur plus grande et par la réduction de l'épaisseur moyenne de la maçonnerie.

La retenue a 42 mètres de hauteur et est limitée par un déversoir latéral de 30 mètres de longueur, sur lequel s'écoulent les eaux en excès. La capacité du réservoir, non encore déterminée exactement, est comprise entre 1,700,000 à 2 millions de mètres cubes. Pour l'écoulement des eaux, un canal souterrain de 60 mètres de longueur a été creusé dans le rocher auquel le barrage est rattaché à l'une de ses extrémités, et dans ce canal on a posé deux tuyaux en fonte, de 40 centimètres de diamètre, dont chacun est muni d'une valve que l'on peut fermer de manière à boucher le tuyau, et d'un robinet Herdevin.

La dépense s'est élevée à 955,000 francs, y compris une subvention de 200,000 francs accordée par l'État. Outre les 755,000 francs laissés à sa charge, la ville de Saint-Chamond a dépensé 450,000 francs pour l'aqueduc qui amène les eaux à Saint-Chamond et pour leur distribution.

Le produit de la vente des eaux, les services municipaux étant pourvus gratuitement, dépassait déjà 83,000 francs par an au commencement de 1873, et une quantité d'eau notable restait disponible. Ces eaux sont parfaitement propres à la teinture et ne produisent pas d'incrustation dans les chaudières; par leur emploi, les industries de la ville ont pris un développement considérable.

L'exécution des travaux a duré de 1866 à 1871. Ils ont été projetés par M. Graeff, ingénieur en chef, et par M. de Montgolfier, ingénieur ordinaire, et exécutés sous leur direction. Pendant le cours des travaux, M. l'ingénieur en chef Lagrange a succédé à M. Graeff, nommé inspecteur général en mai 1869.

Bassin de la Citadelle au Havre. — Le nouveau bassin construit au Havre, dans l'emplacement de l'ancienne citadelle, comprend un ensemble de travaux de première importance, exécutés avec une grande perfection.

Il est spécialement destiné aux opérations de chargement et de déchargement des caboteurs à vapeur de 5 mètres de tirant d'eau maximum.

Un bassin à flot de 6 hectares, divisé en deux darses, et présentant un développement de 1,320 mètres de murs de quai, est mis en communication avec l'avant-port, par l'intermédiaire d'un grand sas éclusé, ou bassin de mi-marée. Trois formes de radoub, de dimensions graduées, sont établies sur un des côtés du nouveau bassin. Celui-ci communique avec le grand bassin de l'Eure par une écluse simple. Deux écluses de chasse ont été établies latéralement à l'écluse d'entrée, dans le but d'utiliser une certaine tranche d'eau, tirée de tous les bassins, à l'entretien du chenal.

Les fouilles du bassin de la Citadelle, les murs de soutènement, les écluses et les formes ont été exécutés à sec, au moyen d'épuisements par des pompes à vapeur, et à l'abri d'un grand batardeau élevé dans l'avant-port. Un mur de quai situé dans cet avant-port, en dehors du batardeau, est le seul ouvrage qui ait été exécuté à la marée.

Les écluses ont 16 mètres de largeur. Leurs portes sont en bois de chêne et mailletées jusqu'au niveau de la pleine mer de morte eau.

Les formes, qui ont de 45 à 70 mètres de longueur sur tins, et de 11^{m},13 à 16 mètres de largeur à l'entrée, sont fermées par des bateaux-portes en tôle construits dans un système connu. Leurs bords latéraux (étrave et étambot) présentent la même inclinaison de 1/8, par rapport à la verticale, que les bajoyers des écluses. Ils sont garnis de fourrures en bois et de tresses de cordage pour assurer l'étanchéité des feuillures d'appui.

Les formes peuvent s'assécher complètement, à la basse mer de vive eau, par des aqueducs débouchant dans l'avant-port. En mortes eaux, des pompes d'épuisement enlèvent la tranche d'eau inférieure, dont la hauteur varie de 1^{m},90 à 2^{m},90.

Les deux ponts tournants, jetés sur l'écluse d'entrée du bassin à flot et sur celle qui le fait communiquer avec le bassin de l'Eure, sont construits en tôle, à une seule volée. Le tablier de chaque pont a 35^{m},17 de longueur avec la culasse, et 6^{m},94 de largeur en œuvre. Ils tournent autour d'un pivot scellé dans la maçonnerie, sur lequel le poids du tablier est parfaitement équilibré. Les mouvements de bascule sont empêchés par deux roulettes placées sous le chevêtre transversal qui porte sur le pivot, et par une troisième roulette placée à l'extrémité de la culasse. Au repos, le tablier est calé au moyen de coins serrés par des vis et des verrins.

La manœuvre se fait par quatre hommes qui poussent l'extrémité de la culasse. L'opération complète, décalage, ouverture, arrêt, fermeture et calage, n'exige que de 3 minutes et demie à 4 minutes.

Chaque pont pèse 119,152 kilogrammes, y compris un lest de 21,588 kilogrammes.

Les travaux du bassin de la citadelle sont également remarquables par leurs dispositions et par leur exécution parfaite. Ils ont été commencés en 1865 et achevés en 1871.

La dépense totale s'est élevée à 9,881,768 francs. Les projets ont été dressés et l'exécution dirigée par M. Hérard, ingénieur en chef, et par M. Bellot, ingénieur ordinaire.

Caisson du batardeau du bassin de radoub de Brest. — Le bassin de radoub du port de Brest ne pouvant plus recevoir les navires de guerre, depuis l'augmentation progressive de leur longueur et de leur tirant d'eau, a dû être reconstruit avec des dimensions qui fussent en rapport avec le matériel naval actuel. Dans l'impossibilité d'allonger le bassin du côté des terres, il a fallu effectuer l'allongement du côté de la mer, et construire à cet effet un batardeau qui permît d'établir à sec la nouvelle écluse d'entrée.

Ce batardeau devait consister en un mur en maçonnerie. Après l'essai infructueux d'une fondation par épuisement, il a été décidé qu'on recourrait à l'emploi de l'air comprimé. Cette opération a été confiée à M. Castor, qui s'est associé M. Hersent, et elle a été conduite à bonne fin malgré les nombreuses difficultés qu'elle a présentées.

Le batardeau a été établi en travers du débouché d'un petit ravin formant une échancrure naturelle dans la rive de la Penfeld. En cet endroit, le fond rocheux plongeait progressivement sous l'eau à partir des deux côtés du ravin, jusqu'à une profondeur d'environ 8 mètres au-dessous des plus basses mers.

Sur le côté nord, une portion de mur avait pu être fondée par épuisement, et constituait une bonne amorce pour le batardeau. Du côté du sud, un simple corroi en terre glaise avait été établi sur la partie de rocher qui émergeait au-dessus du niveau des basses mers. La distance entre ce corroi et la maçonnerie commencée était de 25 mètres.

Le projet a consisté à boucher cet intervalle au moyen d'un caisson de 27 mètres de longueur sur $8^{m},50$ de largeur, dont les bords seraient reliés aux maçonneries déjà faites et au rocher naturel.

Il serait trop long de décrire les dispositions de ce grand caisson. Nous nous bornerons à signaler cette particularité, qu'au-dessus de la chambre de travail inférieur il y avait une seconde chambre, dont nous dirons tout à l'heure la destination, et qui régnait sur une longueur de 21 mètres seulement. La chambre inférieure, où se faisait tout le travail du fonçage, était partagée en trois compartiments, dont chacun était surmonté par une cheminée et un sas à air. Elle devait être descendue assez bas pour pouvoir être laissée définitivement en place sans gêner le passage des navires, et former, après son remplissage, un mur de garde en avant du radier de l'écluse d'entrée du bassin. Tout le reste du caisson devait, au contraire, être enlevé, et c'est pour faciliter cet enlèvement que la seconde chambre de travail a été établie. Le caisson a ainsi été divisé en deux parties superposées, assemblées par de simples boulons.

Pour pouvoir relier le mur du batardeau au rocher, on a ménagé, de chaque côté du caisson, trois grandes rainures de 1 mètre carré de section, qui descendaient verticalement jusqu'au plafond de la chambre inférieure et se prolongeaient en dessous avec l'inclinaison voulue pour leur raccordement avec la tranche du caisson.

A part ses dimensions exceptionnelles et les dispositions spéciales que nous venons d'indiquer, le caisson ne différait guère de ceux qui sont habituellement employés aux fondations à l'air comprimé. Mais, en raison du niveau variable de la mer, son fonçage a exigé des précautions particulières, qui ont été habilement combinées par les entrepreneurs.

Le fonçage a été commencé dans un terrain vaseux facile à extraire. Mais on a rencontré bientôt le rocher à environ 50 centimètres au-dessous du zéro de l'échelle. L'extraction de ce rocher s'est faite à la poudre, dans de bonnes conditions. Le fonçage du caisson, avec l'énorme poids de maçonnerie qu'il portait, dans un sol hérissé d'aspérités, présentait des dangers sérieux, et il a fallu en opérer la descente avec une régularité parfaite, en ayant soin de répartir également la charge, afin que la tranche ne s'écrasât ou ne se déchirât pas. On a surmonté ces difficultés en soutenant le caisson dans l'intérieur par des étais appuyés sur le rocher et serrés contre le plafond de la chambre au moyen de semelles et de coins en bois.

On est ainsi arrivé sans accident à foncer le caisson jusqu'à la cote $7^{m},50$ au-dessous du zéro.

La maçonnerie au-dessus de la chambre de travail inférieure a été exécutée à la marée. Cette chambre a finalement été remplie en béton contenu par des murs de 3 mètres d'épaisseur.

La soudure du caisson avec les rives a donné lieu à quelques complications. Pendant le fonçage, les rainures s'étaient complétement remplies non-seulement de menus matériaux, mais de gros blocs que les bouillonnements de l'air comprimé avaient fait ébouler contre les parois du caisson. On ne pouvait enlever ces blocs par les regards ménagés dans la chambre de travail pour le nettoyage des rainures, et on a dû recourir au scaphandre. On a ainsi réussi à extraire tous les blocs, non sans peine, à cause de l'espace restreint où l'on travaillait. Après cela, le remplissage des rainures en béton n'était plus qu'un travail ordinaire.

Le batardeau, commencé en septembre 1867, a été terminé dans les premiers jours d'avril 1868. L'année suivante, à la même époque, les travaux du bassin étaient achevés, et on a entrepris la démolition du batardeau.

Les maçonneries dépassant le caisson ont été démolies à la marée. Celles contenues dans le compartiment à air libre, qui couronnait le caisson, l'ont été également à la marée avec l'aide de pompes d'épuisement. Enfin la démolition des maçonneries de la chambre supérieure, commencée à l'air libre, a été achevée à l'air comprimé. Après quoi, la partie du caisson destinée à disparaître étant suffisamment déchargée, on a enlevé les boulons qui la retenaient à la partie fixe, et on l'a mise à flot en épuisant l'eau renfermée dans le compartiment supérieur. Cette opération a été exécutée avec un plein succès en juin 1869.

La dépense, réglée à l'avance et à forfait, s'est élevée à 376,000 francs.

Les travaux ont été exécutés sous la direction de M. Dehargne, ingénieur en chef, et de M. Rousseau, ingénieur ordinaire, par MM. Castor et Hersent, qui ont donné une nouvelle preuve de leur grande expérience et de leur habileté en fait de fondation à l'air comprimé. Le caisson a été construit dans les ateliers de Fives-Lille.

Bassin à flot de Bordeaux. — Le bassin à flot en construction à Bordeaux aura une surface d'environ 10 hectares, et sera entouré de murs de quais sur tout son parcours. Il présentera un mouillage de $7^{m},50$ dans l'emplacement assigné aux paquebots transatlantiques, et de $6^{m},50$ dans les autres parties.

Sa communication avec la Garonne aura lieu par deux écluses juxtaposées, de dimensions différentes. Celle qui est destinée aux paquebots à roues aura 22 mètres de largeur et 152 mètres de longueur entre les portes; l'autre aura 14 mètres de largeur et 136 mètres de longueur.

Le bassin sera alimenté directement par les eaux du fleuve, toutes les fois que le niveau de la marée dépassera celui de la retenue dans le bassin, ce qui aura lieu en général. Dans les cas très-rares où plusieurs marées trop basses se succéderont, le niveau normal du bassin sera maintenu au moyen d'un réservoir alimenté par des machines.

Les travaux, commencés en mars 1869, ont été considérablement retardés par la guerre et sont encore loin d'être achevés; mais ils présentent. dès ce moment, un haut intérêt pour l'art de l'ingénieur, en raison du mode de fondation appliqué aux bajoyers des écluses et aux murs de quai.

Ce mode de fondation n'est pas nouveau; mais, bien qu'il soit imité de ce qui a été fait en 1856 à Saint-Nazaire, vers la même époque à Rochefort. et en 1862 à Lorient, il tire cependant un véritable caractère de nouveauté des proportions extraordinaires du travail, des circonstances et des conditions locales, ainsi que des dispositions particulières qui ont été prises [1].

Le terrain sur lequel les ouvrages sont établis se compose d'une vase argileuse qui recouvre, jusqu'à une profondeur de 12 à 14 mètres, un banc de sable et de gravier aquifères, de 3 à 4 mètres d'épaisseur, reposant lui-même sur la molasse. Par des sondages on a reconnu que les eaux souterraines s'écoulent vers la Garonne, en exerçant des sous-pressions considérables sur les masses de terres qui les recouvrent.

Par suite du niveau assigné aux buses des écluses, les maçonneries doivent reposer en entier sur le banc de sable. On ne pouvait songer à ouvrir dans la vase molle des fouilles de près de 14 mètres, au fond desquelles on aurait rencontré la couche aquifère, et on s'est résolu à faire descendre par leur propre poids, jusqu'au gravier, une suite de blocs en maçonneries pour former les bajoyers et les murs de garde. Ces blocs devaient occuper le périmètre d'un rectangle de 205 mètres de longueur et de 57 mètres de largeur.

Après avoir déblayé le terrain sur une profondeur d'environ 3 mètres, on a exécuté, sur les côtés de ce rectangle, des blocs ayant 6 mètres de largeur uniforme, des longueurs variant entre 16 et 35 mètres et une hauteur de 9 mètres. Sur la moitié aval de l'emplacement du bajoyer séparant les deux écluses, on a disposé des blocs de 9 mètres de largeur, de 15 mètres de longueur et 5 mètres de hauteur. Tous ces blocs sont espacés de 50 centimètres les uns des autres. Ils sont évidés par un ou plusieurs puits verticaux.

L'enfoncement des blocs s'opère par le déblayement du terrain dans l'intérieur des puits. Lorsque le dessus d'un bloc arrive au niveau du sol, on ajoute une nouvelle maçonnerie qu'on fait descendre de la même manière. Cette opération s'effectue sans le secours d'aucune machine, tant que

[1] Ce mode de fondation a été proposé pour le bassin de Bordeaux en octobre 1867 et approuvé par décision du 27 novembre de la même année.

le déblayement se fait à sec. Mais, lorsque la nappe souterraine fait irruption dans les puits, ce qui arrive quand il reste environ 2 mètres d'épaisseur de terrain vaseux, on installe dans chaque puits une pompe centrifuge actionnée par une locomobile placée à proximité, cette dernière machine étant en même temps utilisée pour la manœuvre des treuils qui remontent les terres déblayées. Les déblais peuvent ainsi se continuer sans difficulté par des ouvriers travaillant au fond des puits; on arrête l'enfoncement lorsque le bloc est engagé à 80 centimètres dans le sable graveleux.

Ce fonçage des blocs ne s'est pas toujours fait avec une entière régularité, et le plus souvent ils se sont inclinés plus ou moins dès le début de l'opération malgré l'emploi d'étais. On est parvenu généralement à les redresser, soit en dirigeant convenablement les déblais, soit en exerçant, indépendamment des étais, une pression latérale par des remblais appuyés contre le bloc du côté du déversement. Quelquefois les blocs n'ont pu être redressés et sont descendus jusqu'au sable en restant inclinés; mais on est parvenu à les remettre d'aplomb par des fouilles bien conduites. Ces irrégularités de fonçage s'expliquent par le défaut d'homogénéité du terrain, par les obstacles rencontrés, tels que des troncs d'arbre, et aussi par les excavations produites par les épuisements. Quoi qu'il en soit, il a été remédié à tous les accidents, et tous les blocs ont été établis dans une position normale, sauf de légères déviations dans les alignements, qu'on corrigera en exécutant les parements définitifs des bajoyers[1].

Après l'enfoncement des blocs, les puits sont remplis en béton pour la partie sous l'eau, et en maçonnerie pour la partie supérieure.

Les blocs ainsi échoués, et les intervalles laissés entre eux étant bouchés par des maçonneries, constituent une enceinte à l'intérieur de laquelle on peut descendre les fouilles à l'aide d'épuisement jusqu'au niveau du gravier et établir le radier général. Après quoi, la construction s'achève dans les conditions ordinaires.

La réussite du mode de fondation pour les écluses en a motivé l'application aux murs de quai du bassin. Ces murs sont établis sur une suite de voûtes en plein cintre de 8 mètres d'ouverture, reposant sur des blocs dont la section horizontale est un carré de 5 mètres de côté et qui sont foncés de manière à pénétrer de 1 mètre dans le gravier.

L'ensemble des travaux du bassin de Bordeaux est estimé à 12,500,000 francs. Au 31 décembre 1873, la dépense s'est élevée à 8,403,027 francs.

Les travaux dont nous venons d'expliquer le système général se pour-

[1] On a essayé de foncer les blocs par de simples dragages sans épuisements. On a dû y renoncer à cause de la nature particulière et du défaut d'homogénéité du sol.

suivent avec un plein succès. A la fin de la campagne de 1873, les fondations des écluses, y compris les radiers, étaient entièrement achevées; les murs de quai, établis sur voûtes, étaient élevés à $7^m,50$ au-dessus du plafond du bassin à flot sur une longueur de 215 mètres, et leur fondation était préparée sur 435 mètres à la suite. Les blocs des bajoyers des écluses ont été chargés de 10 à 12 mètres cubes de moellons par mètre courant, et n'ont éprouvé aucun mouvement sous cette charge d'épreuve.

Comme nous l'avons dit plus haut, le mode de fondation par blocs évidés n'est pas nouveau en principe; mais il n'avait pas encore été appliqué avec des blocs aussi volumineux et dans des conditions aussi difficiles. Nous ne pouvons faire connaître ici les divers détails d'exécution qui présentent un intérêt du premier ordre pour l'art des constructions. Dans toutes ses parties, comme dans son ensemble, l'organisation de ce grand chantier mérite d'être signalée à l'attention des ingénieurs.

L'avant-projet a été dressé par M. Joly (Henry), alors ingénieur ordinaire, sous les ordres de MM. les ingénieurs en chef Drœling et Pairier, aujourd'hui inspecteurs généraux. Les projets définitifs ont été rédigés et les travaux exécutés sous la direction de M. Joly (Henry), ingénieur en chef, et de MM. de Laroche-Tolay et Regnaud, ingénieurs ordinaires.

Jetées métalliques à claire-voie à l'embouchure de l'Adour. — L'embouchure de l'Adour est obstruée par une barre de gravier sur laquelle la passe est instable et manque de profondeur. Pour concentrer le courant du fleuve jusqu'à la barre sans altérer l'état général de la plage, l'Administration a autorisé, en 1856, l'essai de jetées à claire-voie en prolongement des jetées pleines existantes.

Les travaux, commencés en 1858 et terminés en 1861, comprenaient: au sud, 200 mètres de jetées pleines et 300 mètres de jetées à claire-voie; au nord, 766 mètres de jetées à claire-voie. Mais, dès l'hiver 1864-1865, on s'aperçut que les pieux étaient attaqués par le ver taret au-dessous du niveau de la basse mer, et, à la suite de violentes tempêtes, les avaries éprouvées par les jetées à claire-voie prirent de telles proportions, qu'il fallut renoncer à conserver 115 mètres de la jetée sud et 132 mètres de la jetée nord.

On résolut alors de reconstruire en métal les portions de jetées démolies, en remplaçant les pieux par des tubes en fonte foncés à l'air comprimé.

C'est ce système, entièrement nouveau, qui a été représenté à l'Exposition de Vienne.

Les travaux sont terminés. du côté sud. sur 105 mètres de longueur.

Les tubes en fonte ont 2 mètres de diamètre et sont espacés à 5 mètres d'axe en axe; ils sont arasés au niveau des pleines mers de morte eau et sont enfoncés jusqu'à $7^m,30$ en contre-bas de la plus basse mer. Vers l'extrémité de la jetée l'enfoncement a atteint $11^m,80$.

Les tubes sont remplis en béton et couronnés par des chapiteaux auxquels sont fixés les montants d'une passerelle en fer portant le tillac et servant de pont de service pendant la construction. Ils sont enveloppés d'un massif d'enrochements continu dont le plan supérieur est incliné à 1 centimètre vers le large, de manière qu'à son extrémité il plonge à 3 mètres au-dessous de la basse mer.

Les tubes sont réunis entre eux par deux cours de doubles moises en fer, entre lesquelles on se propose de glisser des vannes afin de pouvoir diminuer au besoin la surface des vides, l'expérience ayant fait reconnaître, dans les anciennes claires-voies, l'inconvénient d'un trop grand excès des vides sur les pleins.

Pour le fonçage, chaque tube, composé d'anneaux superposés, est surmonté d'un sas à air. Le tout est mis en place à l'aide d'un chariot spécial roulant sur le pont de service. La communication avec la machine à comprimer l'air étant établie au moyen d'un long tuyau en fonte reposant sur ce même pont, le fonçage s'effectue par le déblayement dans l'intérieur du tube. Cette opération a rencontré quelques difficultés pour traverser une couche d'enrochements qu'il a fallu tailler au burin, et pour enlever des recoupes de vieux rails, des boulons, d'anciens pieux, etc.; mais elle a été conduite partout à bonne fin.

Commencée en 1869, la jetée métallique a été terminée en 1872. La dépense est revenue à 3,140 francs par mètre courant.

Sous l'influence des jetées à claire-voie, une amélioration sérieuse a été constatée dans la passe de l'embouchure de l'Adour. Le bourrelet de la barre ne s'est pas avancé au large, et la profondeur de la passe a été augmentée de 80 à 90 centimètres.

Le projet des jetées métalliques a été dressé par M. Prompt, ingénieur ordinaire, sous les ordres de M. Daguenet, ingénieur en chef. Les travaux ont été exécutés sous la direction du même ingénieur en chef et de M. Stœcklin, ingénieur ordinaire. La maison Cail, et Fives-Lille en participation, a pris une part active à la préparation du projet et a été chargée de sa mise à exécution.

Digue du Socoa et môle de l'Artha dans la baie de Saint-Jean-de-Luz. — La baie au fond de laquelle est situé le port de Saint-Jean-de-Luz est profondément agitée par les vents entre le nord et l'ouest. Le flot y produit des courants violents qui atteignent sans cesse la plage sur laquelle la ville est assise, et détruisent les travaux exécutés pour sa défense.

Pour abriter la baie et la rendre propre à servir de port de refuge, et en même temps pour préserver Saint-Jean-de-Luz de la destruction dont il est menacé, on a entrepris, en 1863, deux digues, dont l'une, partant de la pointe du Socoa, à l'ouest de l'entrée de la baie, aura 346 mètres de longueur, et l'autre, isolée en mer et placée sur la roche de l'Artha, en aura 250 mètres. Une passe de 235 mètres est laissée entre ces deux digues. Celle du Socoa est achevée sur 285 mètres et fondée sur 15 mètres au delà. La fondation du môle de l'Artha est commencée.

On a donné au parement du large de la digue du Socoa une forme concave, dans le but de diminuer l'action des lames en les faisant glisser de bas en haut et retomber ensuite sur elles-mêmes. On a reconnu que par cette chute les lames tendent à éloigner les blocs des fondations du pied de la muraille : l'expérience semble ainsi prouver qu'un parement plan serait préférable.

Les blocs, dont le volume est de 20 mètres cubes, sont exécutés en béton ou en maçonnerie, avec mortier à ciment de Portland. On emploie le ciment à prise rapide de Zumaya dans les maçonneries des murailles qui sont exécutées à la marée.

L'exécution de ces travaux a nécessité l'installation d'un vaste chantier, et la création d'un matériel considérable pour le transport des matériaux, la fabrication des blocs et leur échouage.

La dépense totale est évaluéee à 6,500,000 francs.

Les dessins exposés à Vienne indiquent en détail les dispositions des ouvrages et l'aménagement des ateliers.

Les projets ont été dressés, et les travaux exécutés sous la direction de MM. Pairier et Daguenet, ingénieurs en chef, et par MM. Prompt et Stœcklin, ingénieurs ordinaires.

Port de Marseille. — Depuis l'Exposition de 1867, les travaux du port de Marseille ont pris de nouveaux développements et ont été représentés à l'Exposition de 1873, notamment par le nouvel établissement de radoub et par deux ponts tournants manœuvrés au moyen de presses hydrauliques. La notice qui accompagnait les dessins et les modèles de ces ouvrages donnait, en outre, des détails complets et très-intéressants sur le mode d'exécution adopté pour la construction des digues, môles et quais par lesquels tous les bassins ont été conquis sur la mer.

Nous nous bornerons à indiquer les principales dispositions des ouvrages exposés.

Pont tournant de la passe de la Joliette. — Ce pont est projeté de manière à fonctionner à volonté comme pont-levis et comme pont tournant. Aux embarcations mâtées on donnera passage en soulevant la volée autant que de besoin, et le mouvement de rotation ne sera effectué que pour les bâtiments mâtés. Par cette dispositon, on réduira autant que possible la durée des interruptions de la circulation sur les ponts, laquelle se compte par environ 1,500 voitures par jour. La passe de la Joliette est d'ailleurs la seule qui fasse communiquer le vieux port et le bassin de la Joliette avec les nouveaux bassins créés à sa suite. La circulation maritime exige environ cinquante ouvertures de ponts par jour, dont dix pour les bâtiments mâtés et quarante pour les embarcations. Or une rotation ordinaire interrompt la circulation sur le pont pendant 8 minutes au moins, en sorte que cinquante rotations auraient arrêté les voitures pendant plus de 6 heures et demie, ce qui eût été intolérable. Avec le système nouveau un simple soulèvement de la volée ne demandera que 2 minutes au plus, en sorte que la circulation par la voie de terre ne sera interceptée que pendant environ 2 heures trois quarts en moyenne.

La passe de la Joliette a 21^{m},30 de largeur. Le tablier du pont tournant a une longueur totale de 42^{m},90, dont 27^{m},44 pour la volée et 14^{m},56 pour la culasse. Il est porté par deux poutres de rive en tôle de 2^{m},62 de hauteur, réunies par des entre-toises du même métal. Les plates-bandes des poutres sont réunies par des montants et des croix de Saint-André. Le tout est bien équilibré, par l'intermédiaire d'un fort chevêtre, sur un pivot, avec un léger excédant de poids pour la culasse. La largeur est de 7 mètres entre les poutres, et avec celles-ci elle est de 8 mètres.

Les manœuvres s'effectuent par la pression de l'eau à 52 atmosphères, fournie par les accumulateurs des docks. Le pivot forme le piston d'une presse hydraulique par laquelle le pont est soulevé. Par une légère montée du pivot le tablier se détache de ses appuis, et le mouvement de rotation est produit par deux petites presses hydrauliques attelées aux bouts d'une chaîne qui embrasse une couronne fixée sous le tablier. Si l'on veut soulever le tablier sans le faire tourner, on continue de faire monter le pivot; alors le tablier s'incline en s'appuyant sur les deux galets de la culasse et sur le pivot, et la levée de la volée permet le passage des embarcations.

Au repos, le tablier s'appuie par les deux bouts, sans appareil de calage, et porte en outre sur le bord du bajoyer de l'encuvement, de manière à décharger le pivot.

Pour la rotation, on arrête la montée du piston à 20 centimètres. Pour le levage, elle ne dépasse pas 90 centimètres. La pente du tablier est alors de 68 millimètres, et la hauteur libre entre le niveau des eaux moyennes et l'extrémité de la volée est de $4^{m},60$, tandis que cette hauteur est seulement de $1^{m},80$ lorsque le pont est abaissé. Le piston a 2 mètres de longueur et reste engagé de $1^{m},10$ au moment de sa montée extrême.

La pression ordinaire de l'eau dans le tuyautage des docks est de 52 atmosphères; mais, à cause des pertes de charge de toute nature, on ne compte que sur 49 atmosphères sous le piston. Le poids à soulever est d'environ 260 tonnes. Chaque ouverture du pont par rotation consomme $0^{mc},0763$ d'eau comprimée, et chaque levage en consomme $0^{mc},0566$, en sorte que la consommation journalière peut être évaluée à $3^{mc},027$, qui sont payés à la compagnie des docks à raison de 1 franc par mètre cube. La dépense d'eau serait beaucoup plus considérable si, pendant l'abaissement du piston, on évacuait l'eau qui a servi au levage, mais, par une disposition ingénieuse, l'eau est refoulée dans les accumulateurs par le poids du tablier.

Telles sont les dispositions du pont tournant de la passe de la Joliette. Les travaux sont en cours d'exécution.

La dépense était évaluée à 225,000 francs pour le pont proprement dit. En outre, la pile centrale a coûté 66,085 francs.

Nouveaux bassins de radoub. — Ces bassins ont été mis en service au mois de juillet 1871. Ils comprennent actuellement quatre formes sèches, et il doit en être établi quatre autres au fur et à mesure des besoins. Le bassin sur lequel s'ouvrent ces formes est entouré de quais et communique avec le grand bassin de navigation appelé *bassin National.*

Les formes ont des longueurs variables. La plus grande peut recevoir des navires de 132 mètres de longueur. Elles sont toutes fermées par des bateaux-portes en fer. Ils présentent des bords (étrave et étambot) très-évasés (2 mètres de hauteur sur 1 mètre de base), de manière qu'il suffit de les relever très-peu pour les dégager des feuillures d'appui. Parmi les nombreux bateaux-portes exposés à Vienne, on a vu plusieurs applications de cette disposition, ainsi que de celle à bords presque verticaux qu'on a préférée au Havre. Chaque système a ses partisans.

L'exécution de ces travaux a exigé l'établissement d'un grand batardeau général, composé d'une branche longitudinale de 658 mètres de longueur et de deux branches en retour enracinées au rivage, ayant 155 et 160 mètres de longueur. Un batardeau spécial de 245 mètres a, en outre, été construit pour les travaux de la passe d'entrée. Ces batardeaux, formés de massifs de béton coulés dans des coffrages, ont été fondés sur l'argile compacte ou sur le rocher à des profondeurs qui ont atteint jusqu'à 11 mètres sous la basse mer. Leur établissement a exigé beaucoup de soins et a présenté de sérieuses difficultés à cause de l'agitation de la mer, contre laquelle on était imparfaitement garanti par une jetée provisoire en enrochements.

Nous ne pouvons que renvoyer au recueil des notices qui accompagnait l'exposition du Ministère des travaux publics, pour toutes les dispositions de détail des divers ouvrages et pour leur exécution. Nous ne reproduirons ici que quelques explications au sujet du pont tournant qui traverse la passe d'entrée du bassin de radoub.

Cette passe a 28 mètres de largeur. Le pont tournant est à une seule volée, et a 62 mètres de longueur totale, dont 38^m,40 pour la volée et 23^m,60 pour la culasse. Il dessert une voie ferrée de 5^m,80 de largeur, separée de la voie charretière qui a la même largeur libre. En outre, un trottoir de 2 mètres pour les piétons est établi en encorbellement, à l'extérieur de l'une des poutres de rive. La charpente est entièrement en fer. Elle comprend trois poutres longitudinales à treillis serré, ayant 3^m,75 de hauteur à l'aplomb du pivot et 1^m,50 à leurs bouts; ces grandes poutres, qui sont distantes de 6^m,61 d'axe en axe, sont reliées à leurs longerons inférieurs par des entretoises espacées à 1^m,30 et par des croix de Saint-André. L'ensemble du tablier porte sur le pivot par l'intermédiaire d'un fort chevêtre.

Cet ouvrage est le plus grand et le plus lourd des ponts tournants à une seule volée qui aient été construits en Europe.

La manœuvre du pont se fait au moyen de l'eau comprimée. Comme le poids du tablier atteint ici 700 tonnes, on a porté à 270 atmosphères la pression de l'eau sous le piston, afin de ne pas trop augmenter son diamètre. Ce piston est en fonte, et on lui a donné 58 centimètres de diamètre. Le cylindre de la presse est en fer forgé de 16 centimètres d'épaiseur. L'eau, prise dans les accumulateurs des docks à la pression de 52 atmosphères, agit sur une petite machine rotative à trois cylindres, donnant le mouvement à deux pompes qui portent la pression à 270 atmosphères.

Au repos, le pont s'appuie à l'extrémité de la volée (munie de rouleaux en vue des changements de température) sur la culée correspondante, à l'extrémité de la culasse sur des coins de calage, et au droit du pivot sur le chevêtre portant sur des sommiers en pierre de taille. Le calage et le décalage se font au moyen d'appareils bien combinés, qui sont actionnés par une petite presse hydraulique.

La rotation s'opère d'ailleurs au moyen de presses horizontales, disposées comme celles qui sont indiquées ci-dessus pour le pont tournant de la passe de la Joliette.

Le pont dont nous nous occupons ici est en service depuis le mois d'octobre 1873 et fonctionne très-bien. L'ouverture se fait en quatre minutes, on n'a pas encore eu à toucher aux garnitures des presses qui sont parfaitement étanches.

La dépense faite pour les bassins de radoub s'élève au total de 8 millions, dont 3 millions sont à la charge de l'État et 5 millions à la charge de la compagnie des docks-entrepôts, à laquelle l'exploitation des formes construites ou à construire a été concédée pour 99 ans.

Les grands travaux du port de Marseille, entrepris depuis 1844, ont été dirigés par plusieurs ingénieurs. C'est M. Pascal qui y a pris la plus grande part. Il les a suivis dès l'origine, d'abord comme ingénieur ordinaire, et depuis 1857 comme ingénieur en chef. Ses prédécesseurs dans ce dernier grade ont été MM. Toussaint, Bergis, Montel et de Montricher. Il a eu sous ses ordres, à partir de 1857, MM. les ingénieurs ordinaires André, Bernard et Denamiel.

Les projets des bateaux-portes et du pont tournant des bassins de radoub ont été dressés par M. Barret, ingénieur de la compagnie des docks.

Tous les autres travaux des mêmes bassins ont été exécutés par une société d'entreprise formée par MM. Michel (Désiré), Rullier et Cie.

Les ouvrages métalliques ont été exécutés par la Société des forges et chantiers de la Méditerranée.

Canal Saint-Louis. — L'amélioration des embouchures du Rhône a été l'objet de nombreuses études qui remontent à un temps fort reculé. Vauban, doutant de la possibilité de la réaliser, émit l'idée de l'ouverture du canal d'Arles à Bouc, qui a été mise à exécution. Ce canal, commencé en 1802 et achevé seulement en 1834, ne présentant qu'un mouillage de 2 mètres, n'a pas créé une communication maritime entre le Rhône et la mer. On essaya de faire baisser la barre de l'embouchure, dans une mesure suffisante pour les petits navires de cabotage qui fréquentent le port d'Arles, en concentrant les eaux du fleuve dans un seul bras, au moyen de digues en enrochements. Ces travaux, entrepris en 1852 et terminés en 1857, ont donné lieu à une dépense 1,375,000 francs (nombre rond.) Mais la profondeur d'abord obtenue sur la barre ne se maintint pas, et l'Administration décida, en 1863, la construction d'un canal à grande section entre un point pris sur la rive gauche du Rhône un peu en aval de la tour Saint-Louis, et l'anse du repos, situé à l'est. Dans cette anse, on n'avait constaté aucun relèvement de fond par le dépôt des limons du fleuve, lesquels sont entraînés vers l'ouest, ainsi que cela a lieu le long de toute la côte française de la Méditerranée. On sait que ce fait est attribué à un courant littoral extrêmement faible qui va de l'est à l'ouest en Europe et en sens inverse en Afrique.

Ce canal, qui est aujourd'hui en service, a une longueur de 33 mètres, une largeur de 30 mètres au plafond et un mouillage minimum de 6 mètres à basse mer. La section transversale se compose d'une cunette de 30 mètres de largeur au plafond, de 4 mètres de profondeur à talus inclinés à deux de base pour un de hauteur, de deux risbermes horizontales de $6^m,50$, ayant chacune $6^m,50$ de largeur et établies à 2 mètres en contre-bas de la basse mer, et de berges inclinées à 45°. La largeur de la nappe d'eau est ainsi de 63 mètres à basse mer. Les risbermes sont destinées à atténuer l'action des mouvements oscillatoires de l'eau sur les berges, qui sont d'ailleurs revêtues de perrés maçonnés jusqu'à $1^m,30$ au-dessus de la basse mer, soit à 45 centimètres au-dessus de la haute mer.

Ce profil est semblable à celui du canal de l'isthme de Suez.

Le canal Saint-Louis débouche à la mer dans un avant-port compris entre deux jetées en enrochements. Celle du Sud a 1,746 mètres de longueur, et s'étend jusqu'aux fonds de $6^m,50$. Celle du Nord part de la côte à une distance de 1,350 mètres du canal, et s'arrête aux fonds de $3^m,25$; elle a seulement 500 mètres de longueur. Sa direction converge vers celle de la digue du Sud, de telle sorte que, si les deux digues étaient prolongées en ligne droite jusqu'aux fonds de $7^m,50$, elles laisseraient entre elles une passe de 200 mètres.

La pente totale du Rhône, entre l'origine du canal et la Méditerranée, varie entre 60 centimètres et $1^m,88$, suivant l'état de crue du fleuve et les oscillations du niveau de la mer. Les marées sont peu sensibles; mais, sous l'action des vents violents de sud-est et de nord-ouest, la mer oscille d'une manière continue, s'élevant et redescendant de 20 centimètres à 60 centimètres en 2 ou 3 minutes. Dans cette situation il a été nécessaire de construire, en tête du canal, une écluse à sas recevant les navires de mer qui entrent dans le Rhône, ainsi que les bateaux du Rhône qui entrent dans le canal. On ne pouvait d'ailleurs pas laisser la communication libre, à cause des atterrissements que les eaux troubles du fleuve auraient déposés dans le canal.

Les bateaux du Rhône ont de 120 à 140 mètres de longueur. Il en a même été construit deux (*la Méditerranée* et *l'Océan*) qui mesuraient 154 à 155 mètres. On a d'ailleurs prévu que le mouillage du canal, actuellement de 6 mètres, pourra être porté à $7^m,50$. Dans ces conditions, on a donné à l'écluse 160 mètres de longueur utile et $7^m,50$

de mouillage. Sa largeur entre bajoyers a été fixée à 22 mètres. Sa longueur totale est de 184m,50.

L'écluse est pourvue de deux paires de portes busquées en tôle.

A la suite de cette écluse, on a creusé un bassin de 12 hectares de superficie et de 6 mètres de mouillage, pour le virement, le chargement et le déchargement des navires.

Les berges du canal sont défendues par des perrés maçonnés plongeant à 2 mètres sous la basse mer et s'élevant à 1m,30 au-dessus de son niveau.

Des murs de quai ont été construits le long du Rhône, en amont du musoir du chenal qui précède l'écluse, sur 145 mètres de longueur, et, dans le bassin qui le suit, sur une longueur de 850 mètres.

Un fanal à feu fixe, de quatrième ordre, est établi à l'extrémité de la jetée Sud; il est construit en fer, d'après un type usité dans le service des phares.

Le creusement du canal a été exécuté par épuisement. Le terrain formé par les alluvions du Rhône est composé de couches horizontales de sable fin et d'argile très-peu perméables. L'écluse est fondée sur pilotis, et les murs de quai sur massifs de béton.

Le montant total des dépenses pour l'ensemble des travaux s'est élevé à 15,500,000 francs en nombre rond.

L'installation des chantiers, sur une plage très-peu élevée au-dessus de la mer et éloignée de toute population, a rencontré de grandes difficultés, à cause des fièvres qui y règnent pendant les chaleurs. Les travaux ont éprouvé de fréquentes interruptions pour cette cause, et par suite de la nécessité de changer à plusieurs reprises l'organisation de l'entreprise. De notables accroissements de dépenses ont été la conséquence de ces circonstances défavorables.

Les projets du canal Saint-Louis ont été dressés et mis à exécution sous la direction de M. Pascal, ingénieur en chef. Il a eu sous ses ordres, comme ingénieur ordinaire, M. Bernard jusqu'en 1867, et ensuite M. Guérard, qui est venu résider à la tour Saint-Louis, malgré l'insalubrité du climat, afin d'être à même d'exercer la surveillance incessante qui était nécessaire.

Atlas des ports de France. — L'Administration des travaux publics a exposé la collection des plans et cartes des ports des départements du Nord, du Pas-de-Calais et de la Somme, ainsi qu'une notice à l'appui. Ce travail constitue la première partie de l'Atlas général des ports de la France.

La commission chargée de diriger cet important travail statistique est présidée par M. l'inspecteur général Reynaud, et avait pour secrétaire M. le baron Baude, ingénieur ordinaire, qui a succombé, sur la place Vendôme, dans la manifestation que les hommes d'ordre ont faite, au mois de mars 1871, contre l'insurrection de la Commune de Paris. Il a été remplacé par M. l'ingénieur de Dartein.

Direction du service des phares. — Le service des phares était représenté à Vienne par des documents détaillés sur l'état actuel de l'éclairage et du balisage des côtes de France, par les dessins de cinq phares construits depuis 1867 ou en construction, par un appareil lenticulaire du troisième ordre, par un appareil lenticulaire pour feux de direction, et par une tourelle pour feux de port.

La France a devancé toutes les nations dans les progrès de l'éclairage des côtes, et sous ce rapport elle occupe toujours le premier rang. Les appareils dont le principe est dû à Fresnel sont fidèlement appliqués partout, et c'est dans nos phares qu'ils ont reçu les plus grands perfectionnements. Quant à la situation actuelle de l'éclairage, la belle carte de voies de communication dont il est parlé plus haut montre qu'elle est assez complète pour qu'il n'y ait aucune solution de continuité entre les cercles lumineux des phares depuis la frontière belge jusqu'à celle de l'Italie.

Au 1er janvier 1873, le nombre total des phares était de 336, dont 45 du premier ordre. 241 de ces établissements ont été créés ou renouvelés depuis le commencement de 1848. A cette époque, le balisage maritime faisait généralement défaut et était partout fort insuffisant, tandis qu'il est aujourd'hui organisé au moyen de 1,165 balises en bois ou en fer, de 201 tourelles en maçonnerie, de 924 amers et de 691 bouées dont 32 sont à cloche.

Les feux ont été variés selon une infinité de combinaisons, afin que le navigateur puisse facilement les distinguer les uns des autres. L'éclairage électrique a été appliqué à trois phares du premier ordre, et la substitution récente de l'huile minérale à l'huile de Colza (depuis le mois de mars 1873) a constitué une amélioration des plus importantes. Eu égard à l'état actuel de l'éclairage maritime de la France, on obtiendra ainsi 45 p. o/o plus de lumière, en même temps que la dépense en huile sera diminuée de 32 p. o/o.

M. l'inspecteur général Léonce Reynaud est chargé, depuis 1847, du service des phares, et c'est sous sa direction que les développements et les progrès que nous venons de signaler particulièrement ont été réalisés. En reconnaissance des services éminents qu'il a rendus, le Jury lui a décerné un diplôme d'honneur.

Phare des Roches-Douvre. — Ce phare, dont la tour métallique avec son appareil d'éclairage avait été montée au Champ de Mars, lors de l'Exposition de 1867, est élevé sur le rocher appelé le Grand-Signal, qui fait partie du plateau des Roches-Douvre, entre l'île de Bréhat et l'île de Guernesey.

Les travaux du soubassement en maçonnerie ont été très-pénibles à cause des forts courants de marées et de l'extrême violence de la mer par les vents de nord-ouest. Commencés en 1867, ces travaux n'ont pu être terminés qu'en juillet 1868. Le montage de la tour a également rencontré de sérieuses difficultés, et n'a pu être achevé que le 6 août 1869. Dès le commencement de novembre 1868, alors que la tour était arrivée à environ 26 mètres au-dessus des plus hautes mers, on y avait établi un feu provisoire. L'éclairage définitif a été installé le 26 août 1869.

Le soubassement en maçonnerie a environ 4 mètres de hauteur : la tour métallique mesure 48^{m},30, depuis sa base jusqu'à la galerie qui entoure la lanterne. Le foyer domine d'environ 53 mètres le niveau des plus hautes mers.

La dépense totale s'est élevée à 605,357 francs.

Le projet a été dressé et mis à exécution sous la direction de M. l'inspecteur général Reynaud, de MM. Émile Allard, Dujardin et Pelaud, ingénieurs en chef, et de M. de la Tribonnière, ingénieur ordinaire. Les ouvrages métalliques ont été exécutés par M. Rigolet, constructeur à Paris.

Phare de Four. — Ce phare s'élève sur la roche la plus avancée en mer, à 2 milles à l'ouest du petit port d'Argentan.

Il se compose d'une tour en maçonnerie de 22^{m},70 de hauteur et de 4^{m},50 de diamètre intérieur, montée sur un massif de fondation arasé à 2 mètres au-dessus des pleines mers d'équinoxe et encastré dans le rocher dont il enveloppe les parties les plus saillantes. La tour est surmontée d'une murette polygonale à dix pans, en tôle, qui supporte la lanterne, dont le plan focal est à 28 mètres au-dessus des plus hautes mers.

Dans les gros temps, les lames se brisent contre la roche qui porte le phare, avec une telle violence qu'elles dépassent la lanterne. Ce seul fait donne la mesure des difficultés qu'il a fallu surmonter dans l'exécution des travaux. Entreprises en 1869, les maçonneries ont été terminées à la fin de 1872. Le phare a été mis en service dans le commencement de 1874.

L'appareil lenticulaire qui a figuré à l'Exposition de Vienne est du troisième ordre, et présente cette particularité, qu'à un feu fixe durant une demi-minute succède pendant le même laps de temps un feu à éclipses à intervalle de 3 secondes $\frac{3}{4}$. Il est éclairé par une lampe à trois mèches et alimenté à l'huile minérale.

Une autre innovation appliquée à ce phare consiste dans une nouvelle trompette marine, inventée par MM. le professeur Lissajous, qui présente des dispositions très-ingénieuses et dont les dessins étaient exposés à Vienne avec ceux du phare. Les trompettes, destinées à suppléer à l'éclairage en temps de brume, sont ordinairement mises en jeu par de l'air comprimé dans un grand réservoir à l'aide d'une machine à vapeur. Dans la trompette de M. Lissajous, la propulsion de l'air est produite par des jets de vapeur envoyés par deux chaudières verticales accouplées (système Field). La communication entre ces chaudières et la trompette est périodiquement ouverte et fermée au moyen d'un appareil de distribution mû par la vapeur et réglé par une horloge. Le son se fait ainsi entendre à des intervalles de cinq secondes.

Le phare du Four a été projeté, sous la direction de M. l'inspecteur général Reynaud, par MM. Planchat, ingénieur en chef, et Fenoux, ingénieur ordinaire, qui ont en outre dirigé les travaux. L'appareil d'éclairage a été exécuté, d'après les calculs de M. l'ingénieur en chef Allard (Émile), par M. Fleury-Lapaute. La trompette à vapeur est due à MM. Lissajous et Flaud.

Phare d'Ar'Men. — Les travaux de ce phare offrent un intérêt exceptionnel à cause des efforts prodigieux qu'il a fallu déployer pour surmonter des difficultés qu'on pouvait d'abord croire insurmontables.

Les récifs qui s'étendent à l'ouest de l'île de Sein jusqu'à près de 8 milles, et qu'on nomme la chaussée de Sein, sont encore la cause de douloureux sinistres, malgré l'établissement de deux phares du premier ordre, destinés à jalonner cette suite d'écueils.

En 1860, la commission des phares demanda l'étude de la question de l'érection d'un phare sur l'une des têtes de roches qui émergent au delà de l'extrémité de la chaussée. A la suite de reconnaissances hydrographiques fort difficiles, il fut décidé, en 1866, qu'on affronterait les périls de cette entreprise, et la roche d'Ar'Men fut désignée pour servir de base à un phare du premier ordre.

Cette roche s'élève à environ $1^{m},50$ au-dessus des plus basses mers, découvrant alors une surface d'environ 100 mètres carrés. Elle n'est accessible que dans des circonstances tout à fait exceptionnelles. Elle n'est abritée par aucune terre contre les vents compris entre le nord et l'estsud-est par le sud, et les courants qui passent sur la chaussée sont des plus violents. Ils sont de plus de neuf nœuds dans les grandes marées, et rendent la mer très-grosse à la moindre brise contraire. Pendant les reconnaissances, ni les ingénieurs ni les marins ne purent descendre sur la roche; une seule fois le syndic des gens de mer y réussit, et rapporta un échantillon du gneiss dont elle est formée. Pour arrêter les dispositions à prendre, on dut ainsi se contenter de renseignements approximatifs sur la configuration de la roche.

Le mode d'exécution des travaux a consisté : 1° à percer, sur tout l'emplacement que l'édifice devait occuper, des trous de 30 centimètres de profondeur, espacés de mètre en mètre environ; 2° à sceller dans ces trous des goujons en fer destinés à servir de points d'appui pour la première assise de maçonnerie, à fixer celle-ci au rocher, et en outre à relier ensemble les parties fissurées de la roche. Pour un travail aussi périlleux, on dut recourir aux pêcheurs de l'île de Sein, seuls ouvriers capables d'affronter les difficultés qu'il présentait. On passa avec eux un marché à forfait; on leur fournit des outils et des ceintures de sauvetage, et ils se mirent résolument à l'œuvre en 1867. Dès qu'il y avait possibilité d'accoster, les ouvriers descendaient sur la roche, munis de leur ceinture de sauvetage, se couchaient sur elle, s'y cramponnaient d'une main, tenant de l'autre un fleuret ou un marteau, et travaillaient à forer des trous de scellement avec une activité fébrile, incessamment couverts par les lames qui déferlaient par-dessus leurs têtes. L'un d'eux était-il emporté, la violence du courant l'entraînait loin de l'écueil contre lequel il se serait brisé, sa ceinture le soutenait, et une embarcation allait le ramener au travail. Dans la première campagne, en 1867, on put accoster sept fois, travailler durant 8 heures en tout, et percer 15 trous. Dans la campagne suivante, il y eut 16 accostages, 18 heures de travail et 40 nouveaux trous de percés. En 1869, on entreprit l'exécution des maçonneries. De forts goujons en fer furent implantés dans les trous et enveloppés de moellons assujettis avec du ciment Parker, à prise rapide. Profitant de la moindre accalmie, chaque ouvrier posait un moellon, se cramponnant à la roche à l'arrivée d'une grosse lame. On parvint ainsi à exécuter dans cette campagne 25 mètres cubes de maçonnerie.

Dans les campagnes suivantes, les difficultés du travail, tout en restant énormes, ont diminué au fur et à mesure que les maçonneries s'élevaient et qu'on pouvait améliorer les conditions d'accostage et de débarquement.

On a d'ailleurs substitué, dès 1871, au ciment Parker le ciment de Portland, qui présente de plus sûres garanties contre la décomposition des mortiers. Aujourd'hui on a atteint le niveau des plus hautes mers, et le succès de l'entreprise est assuré.

Pendant les six années de 1867 à 1872, il a été possible d'accoster 80 fois à la roche, et l'on a travaillé pendant 142 heures 45 minutes; on a percé 55 trous et exécuté $114^{mc},50$ de maçonneries qui ont coûté 135,336 francs. En 1873, on n'a pu travailler que pendant 15 heures 25 minutes, en opérant six accostages, et à la fin de la campagne la maçonnerie a été augmentée de 22 mètres cubes.

Le phare sera du premier ordre et à feu scintillant; son foyer sera élevé à 30 mètres au-dessus des pleines mers d'équinoxe. On n'a pas cru devoir dépasser cette hauteur à cause des dimensions restreintes de la base.

Le projet de cette construction a été conçu et arrêté dans ses dispositions essentielles par M. l'inspecteur général Reynaud. Le projet de détail a été étudié, et les travaux ont été dirigés par M. l'ingénieur en chef Planchat, ayant sous ses ordres, comme ingénieurs ordinaires, M. Joly (Paul) jusqu'en 1868 et M. Cahen depuis 1869.

Indépendamment des médailles attribuées aux ingénieurs, le Jury de l'Exposition de Vienne a décerné des médailles de coopération à M. Lacroix, conducteur principal, et aux braves marins qui ont apporté leur courageux concours à l'établissement de la fondation de l'édifice.

Phare de la Palmyre. — Ce phare a été construit, en 1869 et 1870, au milieu des dunes de la rive droite de la Gironde, à 5 milles de la pointe de la Coubre.

On n'a pas jugé convenable d'élever en cet endroit une construction en maçonnerie, tant à cause du transport difficile des matériaux qu'en prévision d'une translation éventuelle du phare, par suite du déplacement du chenal de la Gironde, et l'on s'est décidé en faveur d'une tour métallique suivant un nouveau système imaginé par M. Lecointre, ingénieur de la marine et ingénieur en chef de la compagnie des forges et chantiers de la Méditerranée.

La tour est formée d'un tube cylindrique, en tôle, de 2 mètres de diamètre intérieur. Cette colonne, qui renferme l'escalier, également en tôle, a 25 mètres de hauteur, et est solidement assujettie sur un massif de fondation en béton de 3 mètres d'épaisseur; elle est d'ailleurs contrebutées par trois jambes de force. Elle est surmontée d'une construction cylindrique de $4^{m},20$ de diamètre, couverte par un toit conique, dans laquelle se trouve la chambre de service et celle de l'appareil. La hauteur totale de l'édifice est de 37 mètres, et le plan focal est à 30 mètres au-dessus du sol.

Une maison en maçonnerie de brique a été construite à proximité du phare pour le logement du gardien et les dépendances du phare.

L'appareil d'éclairage est à feu fixe. La lumière, concentrée dans un espace angulaire de 45 degrés, se montre alternativement rouge et verte, à des intervalles de 20 secondes, sans éclipses interposées.

Cet effet est obtenu par un mouvement d'oscillation intermittente qui est imprimé à un écran en verres de deux couleurs.

La dépense totale, sans compter celle de la maison de garde et du chemin d'accès, s'est élevée à 76,580 francs.

Les dispositions d'ensemble de ce phare ont été arrêtées par M. l'inspecteur général Reynaud, sur les propositions de M. Lecointre, ingénieur en chef de la compagnie des forges et chantiers de la Méditerranée. Les travaux ont été dirigés par M. Marchegay, ingénieur en chef, et M. Lasne, ingénieur ordinaire.

L'appareil lenticulaire a été composé et calculé par M. Allard, ingénieur en chef, et exécuté par MM. Sautter, Lemonnier et Cie, constructeurs à Paris.

Phares de Saint-Pierre de Royan et du Chay. — Ces deux phares ont été construits récemment à l'embouchure de la Gironde, à deux kilomètres de distance l'un de l'autre, pour éclairer et jalonner la passe du Sud.

Les dessins du premier, qui est le plus important, ont figuré à l'Exposition de Vienne.

L'édifice consiste en une tour en maçonnerie, à section carrée de 5 mètres de côté à l'extérieur, dont la partie supérieure a été élargie de $1^m,50$ au moyen d'encorbellements. Cette forme particulière du couronnement a été adoptée par le motif que le phare doit servir d'amer pendant le jour, et qu'ainsi il est rendu plus visible.

On l'a en outre peint, sur toute sa hauteur, par de larges bandes horizontales alternativement rouges et blanches, afin de le faire mieux reconnaître encore et d'éviter toute confusion avec les clochers de Royon.

Les deux phares sont à feu fixe.

Les travaux, commencés en 1869, ont été terminés en 1872. Ils ont été projetés, d'après les dessins de M. l'inspecteur général Reynaud, par M. l'ingénieur en chef Marchegay et M. l'ingénieur ordinaire Lasne, qui en ont dirigé les travaux.

Tourelle et candelabre pour feux de port. — MM. Sautter, Lemonnier et Cie ont exposé ces deux petites constructions qu'ils ont projetées et exécutées, et qui ont été adoptées par la direction des phares.

La tourelle est disposée très-économiquement et de manière à être facilement transportable. Elle se compose d'un cylindre en tôle de 1m,40 de diamètre et de 6m,40 de hauteur, renfermant des marches intérieures, aussi en tôle, qui entourent un noyau central en fonte. Des nervures et des consoles en fonte portent une galerie de service autour de la murette qui sert de support à la lanterne.

Le poids de la tourelle proprement dite, y compris la plaque en fonte qui en forme la base de fondation, est d'environ 6,500 kilogrammes. Elle coûte, avec la lanterne, 9,300 francs à Paris.

Le candélabre pour feux de port est disposé de manière qu'on puisse placer un feu à l'extrémité d'une jetée étroite.

Le feu est allumé dans une petite cabane où la lanterne est enfermée pendant le jour, et il peut être hissé jusqu'à 8 mètres de hauteur. Cet appareil avec ses accessoires coûte 1,654 francs.

Travaux d'amélioration de la Dombes (Ain). — L'état d'insalubrité de la Dombes, à cause de ses nombreux étangs, est trop connu pour avoir besoin d'être décrit. L'Administration des travaux publics en poursuit depuis longtemps l'amélioration, et, à partir de 1853 notamment, des mesures spéciales ont été prises dans ce but.

Des primes ont été attribuées aux dessèchements, des routes agricoles ont été créées, le curage des cours d'eau a été mieux assuré, enfin un chemin de fer a été exécuté à travers la contrée. Si l'application des prescriptions de l'Administration a souffert des retards, cela tient surtout à la résistance des propriétaires et à la constitution particulière de la propriété des étangs, qui appartiennent presque toujours à deux personnes différentes, selon qu'ils sont en eau ou à sec.

Le pays d'étangs a une superficie de 112,725 hectares, sur laquelle les étangs occupent 19,215 hectares. Comme ils restent habituellement en eau pendant deux ans, et à sec pendant un an, la surface inondée peut être évaluée à 12,000 hectares en nombre rond.

Tous les étangs ont été formés au moyen de barrages exécutés de mains d'homme, au XVe siècle, à la suite des guerres féodales qui décimèrent la population de la Bresse et de la Dombes. Pour les assécher, il suffit de rendre aux eaux leur écoulement naturel.

La compagnie du chemin de fer a été chargée, en vertu de son contrat de concession de 1863, d'opérer le dessèchement de 6,000 hectares, moyennant une subvention de 1,500,000 francs. Aujourd'hui 434 étangs, d'une superficie totale de 4,813 hectares, sont desséchés.

Les résultats déjà obtenus, quoique fort éloignés de la solution complète de la question, sont néanmoins très-remarquables. La culture des terres s'est développée et beaucoup améliorée; les habitants ont acquis quelque aisance, et la mortalité par les fièvres paludéennes a considérablement diminué. En 1857, la population était atteinte par cette maladie dans une proportion variant entre 40 et 90 p. 0/0 dans les seize communes centrales de la Dombes. En 1868, cette proportion était à peine de 4 à 9 p. 0/0, et aujourd'hui les cas de fièvre sont très-rares. Dans les mêmes communes, la mortalité sur 100 habitants était, en 1875, de 4,04, tandis qu'elle n'a été, en 1870, que de 2,54. La population, qui était de 20 habitants par kilomètre carré, s'est élevée, en 1870, à 31 habitants; enfin la durée de la vie moyenne, qui se réduisait à 25 ans 3 mois 14 jours, est actuellement de 35 ans 3 mois 18 jours. Le recensement de l'armée fournit d'ailleurs la preuve de l'amélioration de la population arrivée à l'âge viril. Dans certaines communes, le nombre des jeunes gens refusés excédait celui des admissibles, et dans toute la Dombes la moyenne atteignait 52 p. 0/0, tandis qu'en 1870 la proportion des refusés n'a été que de 15 p. 0/0.

L'amélioration de la Dombes fait partie du service ordinaire du département de l'Ain. Depuis 1861, ce service est confié à M. Baudart, ingénieur en chef, et M. Basin, ingénieur ordinaire.

Sonnette à vapeur et machine à mortier employées au port de Graveline. — La première de ces machines se compose de deux sonnettes accouplées, en sorte que deux pieux sont enfoncés à la fois. Chacune des sonnettes est munie d'une chaîne Galle sans fin, portant, à des intervalles de $3^{m},53$, des broches saillantes par lesquelles le mouton, pesant $642^{k},50$, est élevé successivement. L'échappement du mouton est produit par un déclic d'un système nouveau.

Cet appareil, qui est particulièrement propre au battage d'une file de pieux également espacés, a donné les meilleurs résultats, tant sous le rapport de l'économie que pour la rapidité et la régularité du battage.

La machine à mortier a été spécialement organisée pour la fabrication des mortiers qu'on emploie dans les travaux des ports de Graveline et de Dunkerque. Ces mortiers sont composés de chaux hydraulique de Tournay, de cendres de houille, et de trass de Hollande en poudre. La chaux est blutée, et les matières, après avoir été dosées, sont mélangées à sec, puis mouillées et malaxées. L'action corrosive des poussières soulevées par les manipulations n'était pas sans danger pour la santé des ouvriers. La machine supprime ce danger. Par des dispositions très-ingénieuses, le blutage de la chaux, le dosage et le mélange des matières, le malaxage et le broiement du mortier se font, d'une manière continue et sans émanation de poussières nuisibles, par la machine qui est mise en mouvement par une locomobile.

Cette machine a été employée à Graveline et à Dunkerque. Elle fournissait 8 mètres cubes de mortier par heure, et le prix de la fabrication, non compris l'amortissement du coût de la machine, est revenu à 6 fr. 78 c. par mètre cube.

La sonnette et la machine à mortier que nous venons de mentionner, et dont des modèles, à l'échelle de $\frac{1}{10}$, ont été exposés à Vienne, ont été organisées et installées, sous la direction de M. l'ingénieur en chef Plocq, par M. Jacquet, sous-ingénieur des ponts et chaussées.

Appareil destiné à mesurer directement les extensions ou les compressions des diverses pièces des poutres en treillis. — M. Dupuy, ingénieur des ponts et chaussées et ingénieur en chef de la compagnie d'Orléans, a imaginé un appareil extrêmement simple, qui permet de mesurer de combien une pièce quelconque entrant dans la composition d'une poutre en treillis s'allonge si elle est tendue, ou se raccourcit si elle est comprimée.

Concevons deux tiges en fer A et B, assemblées à charnière comme les deux branches d'une fausse équerre.

Vers l'extrémité de la branche A est percé un trou a dont le centre est distant d'un mètre de celui de la charnière C; sur la branche B, qui a 1 mètre de longueur à partir du centre de la charnière, est percé un trou b du même calibre que a et ayant son centre à 5 centimètres de celui de la charnière.

Tel est l'instrument employé par M. Dupuy.

Pour opérer sur une pièce quelconque appartenant à une poutre métallique, supposons qu'on perce dans l'axe de cette pièce deux trous exactement calibrés, comme les trous a et b, et distants d'un mètre; puis qu'on fixe l'instrument contre la pièce en faisant coïncider les trous a et b avec ceux de la pièce, au moyen de goujons bien alésés; après quoi, on charge la poutre des poids d'épreuve. Si la pièce est tendue, la distance ab qui était égale à 1 mètre augmente, et l'extrémité de la branche B parcourt un chemin vingt fois plus grand que l'allongement de ab, et, à l'aide d'un élément de cadran gradué, on peut mesurer le mouvement angulaire de la branche B, et en déduire l'allongement cherché. En cas de compression de la pièce soumise à l'expérience, la branche B prend un mouvement inverse, et le raccourcissement proportionnel de la pièce se déduit encore du déplacement mesuré sur le cadran.

C'est pour simplifier l'explication du fonctionnement de l'appareil que nous avons supposé que la pièce à éprouver serait percée elle-même de deux trous. En réalité, on évite cette détérioration en fixant à la pièce, par un simple serrage, deux étriers qui deviennent solidaires avec elle et sur lesquels on applique l'appareil.

M. Dupuy a déjà fait un grand nombre d'expériences. Mais, dans la notice qu'il a fournie pour l'Expositon de Vienne, une seule est mentionnée. En opérant sur une poutre à treillis croisé à 45 degrés et à hauteur constante, il a constaté, d'une part, que les effets produits sur les barres du treillis étaient à peine la moitié de ceux donnés par les formules habituellement employées, et, d'autre part, que, vers le milieu de la poutre, les barres dirigées de haut en bas vers les points d'appui étaient tendues, et celles inverses comprimées, tandis que ce devrait être le contraire d'après les calculs, tels qu'on les fait ordinairement.

Pour expliquer cette dernière contradiction, il faudrait connaître quelles étaient les dimensions et les dispositions de détail de la poutre, si la charge d'épreuve était placée au-dessus ou au-dessous, etc. Mais l'anomalie signalée ne prouverait pas l'inexactitude de la théorie approximative dont on se contente généralement, mais tout au plus son insuffisance en certains cas. Les déductions qu'on tire de cette théorie sont nécessairement dépendantes des hypothèses sur lesquelles elle repose.

On suppose, par exemple, qu'eu égard à la flexion extrêmement petite que les poutres métalliques éprouvent avec les limites restreintes qu'on assigne aux efforts de tension et de compression, tous leurs éléments conservent leurs positions relatives, et que les forces élastiques, dans les barres du treillis du moins, sont dirigées suivant leurs axes longitudinaux, comme si elles étaient articulées à leurs points d'assemblages avec les plates-bandes ou longerons. Cette double hypothèse n'est évidemment pas rigoureusement conforme à la réalité, et, en l'adoptant, on ne tient compte ni de la déformation de la poutre, ni de la rigidité des assemblages. Or ce sont là deux faits qui sont de nature à mettre les résultats des calculs en défaut. Dans des poutres d'une faible hauteur, l'influence de la rigidité des assemblages sur le travail du treillis peut être très-sensible, et elle est nécessairement beaucoup plus marquée que dans les poutres de grandes dimensions. On comprend encore que, par suite de la déformation d'une poutre rectangulaire posée sur deux appuis, le rapprochement des extrémités de la plate-bande supérieure amène le rapprochement des deux plates-bandes vers le milieu de la poutre, et que, dans cette partie centrale, les barres du treillis qui, dans l'hypothèse de la non-déformation, doivent être étirées, soient comprimées en fait, alors surtout que la poutre est chargée en dessus.

Quoi qu'il en soit, l'idée de constater expérimentalement comment travaillent les divers éléments des poutres métalliques est essentiellement pratique, et l'instrument imaginé dans ce but par M. Dupuy permettra de vérifier et au besoin de rectifier les méthodes de calcul de ces poutres.

Disque automoteur. — Ce disque est disposé de manière à pouvoir fonctionner automatiquement au passage des trains, ou à volonté, comme les disques, à distance ordinaire.

Au passage d'un train, la première roue fait abaisser une pédale placée contre le rail, et déclancher le disque qui se met à l'arrêt. Une sonnerie électrique indique à la gare et au garde que le train est couvert. La réouverture de la voie exige absolument l'intervention du garde. Il commence par faire la manœuvre qui serait nécessaire à la fermeture du disque. Celui-ci peut alors être remis à voie libre par la manœuvre ordinaire.

Par une disposition ingénieuse, la pédale, une fois abaissée par la pression de la première roue du train, ne se relève qu'après que la voie est rendue libre, ce qui évite les secousses successives que produirait le passage de toutes les roues, au détriment du mécanisme.

Ce disque, qui est appliqué avec succès en plusieurs points sur le chemin de fer du Nord, est dû à M. Moreau, manufacturier à Séclin (Nord).

École nationale des ponts et chaussées. — L'École des ponts et chaussées a exposé les principaux documents concernant son organisation, les cours de ses professeurs, les études et les exercices des élèves. Reconnaissant, d'une part, la haute utilité de cette exposition, tant au point de vue de l'application des sciences physiques et mécaniques à l'art des constructions qu'à celui des meilleurs procédés d'exécution des travaux et des principes de bonne administration, et, d'autre part, les services rendus et la juste renommée depuis longtemps acquise par l'École, le Jury lui a décerné un diplôme d'honneur.

Société centrale de sauvetage des naufragés. — L'exposition du Ministère des travaux publics comprenait une collection des appareils et engins que cette société a mis en pratique, ainsi qu'une notice sur son organisation et sur les nombreux établissements qu'elle a créés. Depuis qu'elle s'est constituée, en novembre 1865, jusqu'au 1er avril 1873, 1,026 naufragés ont été arrachés à la mort par ses soins, 253 bâtiments en détresse ont été secourus et 59 ont été sauvés. En considération des services éminemment utiles et méritoires que cette société a rendus, un diplôme d'honneur lui a été décerné.

EXPOSITION DE LA VILLE DE PARIS.

L'exposition des travaux publics de la Ville de Paris comprenait les plans et descriptions des promenades des bois de Boulogne et de Vincennes, de nombreux dessins et modèles de travaux de voirie, de ponts, de canalisation et de distribution d'eau, et les plans des principaux édifices construits pendant ces dernières années. Une description de cette exposition splendide, pour laquelle un diplôme d'honneur a été décerné à la Ville de Paris, exigerait des développements qui dépasseraient le cadre de ce rapport, et nous pouvons d'autant mieux nous en dispenser qu'il s'agit d'ouvrages bien connus.

Nous ne nous occupons pas, dans ce rapport, des travaux d'architecture. Nous rappellerons seulement que ces travaux ont été l'objet d'un très-grand nombre de récompenses, et qu'un diplôme d'honneur a été décerné à M. Duc, pour les travaux de restauration et d'achèvement du Palais de Justice.

En ce qui concerne les travaux relatifs aux voies publiques, nous nous contenterons de citer le pont par lequel le boulevard du Port-Royal passe au-dessus de la rue de l'Oursine; les ponts de Billancourt et de Courbevoie, sur la Seine, exécutés par M. Legrand, ingénieur civil; le rouleau compresseur à vapeur appliqué au cylindrage des chaussées empierrées de Paris, et la machine balayeuse inventée par M. Blot.

Mais les travaux des égouts et du service des eaux avaient une importance prédominante, et ont valu à M. l'inspecteur général Belgrand un diplôme d'honneur. Nous allons reproduire textuellement la note très-intéressante et très-complète qu'il a bien voulu nous remettre, sur notre demande, relativement à toutes les parties de son service [1]. Elle traite d'abord des eaux et ensuite des égouts.

LES EAUX.

Conduites d'eau. — Le plan général des conduites d'eau a été exposé à Vienne.

La longueur des rues de Paris est de 866,000 mètres. Celle des conduites d'eau est bien plus grande, parce que, dans le système adopté, les eaux du service privé sont complétement séparées de celles du service public. La longueur des conduites d'eau devrait donc être deux fois plus grande que celle des rues. Il n'en est pas ainsi, parce que la séparation des deux services n'est pas encore complétement effectuée.

[1] Cette note, qui est de nature à recevoir encore une autre destination, est datée du 30 mars 1874.

En réalité, au 1er janvier 1874, la longueur des conduites publiques dans Paris, non compris celles des parcs et des squares, était de 1,431,000 mètres.

Cette longueur se décompose ainsi :

En béton, conduite forcée de 1m,30 de diamètre		1,350 mètres.
Conduites	en fonte	1,359,650
	en tôle bituminée	63,000
	en plomb	3,000
Petite canalisation en plomb		4,000
Total		1,431,000

En tenant compte des diamètres, la longueur des conduites se décompose ainsi :

Conduites maîtresses	de 1m,30 de diamètre	1,350 mètres.
	de 1m,10	5,400
	de 1m,00	1,350
	de 0m,92	2,300
	de 0m,80	11,200
	de 0m,60	35,000
	de 0m,50	65,000
	de 0m,40	39,500
	de 0m,30 à 0m,35	80,100
	de 0m,19 à 0m,25	125,000
Longueur totale des conduites maîtresses		367,000
Petite canalisation	de 0m,108 à 0m,162 de diamètre	171,600 mètres.
	de 0m,10	473,000
	de 1m,081	217,000
	de 0m,054 à 0m,06	198,400
Longueur de la petite canalisation		1,060,000
Petite canalisation en plomb, de 0m,027 à 0m,041 de diamètre		4,000

Total général	367,000m 1,060,000 4,000	1,431,000 mètres.

Le volume d'eau que le service tient dans ces conduites à la disposition des consommateurs peut s'évaluer, en mètres cubes par 24 heures, ainsi qu'il suit :

EAUX DE RIVIÈRES.

Eau du canal de l'Ourcq,	provenant de la rivière d'Ourcq....	105,000^{mc}
	provenant de la Marne relevée dans le canal par les usines de Trilbardou et d'Isles-les-Meldeuses......	80,000
Eau de Seine relevée par les 12 machines à vapeur de Port-à-l'Anglais, Maisons-Alfort, Austerlitz, Chaillot, Auteuil et Saint-Ouen..........		88,000
Eau de la Marne montée par les machines de Saint-Maur......		43,000
VOLUME TOTAL de l'eau de rivière............		316,000
Eau des puits artésiens..........		6,000

EAUX DE SOURCES.

Eau d'Arcueil..........	1,000
Eau de la Dhuis..........	20,000
Eau de la source de Saint-Maur relevée par les machines de Saint-Maur..........	12,000
VOLUME TOTAL des eaux de sources...........	33,000

TOTAL GÉNÉRAL.............	316,000^{mc} 6,000 33,000	355,000^{mc}

Les machines de Trilbardou et d'Isles-les-Meldeuses, qui relèvent l'eau de la Marne pour compléter l'alimentation du canal de l'Ourcq, ne travaillent que dans les saisons sèches. Le canal est suffisamment alimenté dans les saisons humides.

Pour relever 88,000 mètres cubes d'eau de Seine, il faut que les douze machines à vapeur marchent ensemble. Le maximum d'eau de Seine monté en 24 heures a été, pour l'année 1873, de 85,000 mètres cubes.

En comptant seulement ce volume pour l'eau de Seine, on trouve que le volume total que le service tient à la disposition des usagers est de 352,000 mètres cubes.

Lorsque les dérivations de la Dhuis et de la Vanne seront au complet, ce volume sera de 462,000 mètres cubes.

La quantité d'eau consommée est très-inférieure à ce volume. En voici le résumé mois par mois pour l'année 1873 :

	1re quinzaine.	2e quinzaine.
Janvier..........	213,000^{mc}	210,000^{mc}
Février..........	219,000	226,000
Mars..........	225,000	232,000
Avril..........	236,000	244,000

	1re quinzaine.	2e quinzaine.
Mai	238,000mc	247,000mc
Juin	251,000	260,000
Juillet	272,000	272,000
Août	260,000	258,000
Septembre	253,000	245,000
Octobre	239,000	239,000
Novembre	230,000	231,000
Décembre	218,000	238,000

On doit faire remarquer que la consommation est réglée par les usagers eux-mêmes et non par le service des eaux, qui tient toujours à leur disposition le volume maximum.

La distribution est faite par :

Fontaines monumentales	59
Bornes à repoussoir	224
Fontaines de puisage	33
Fontaines marchandes d'eau filtrée	26
Bornes-fontaines	556
Bouches sous trottoir	4,500
Bouches pour remplir les tonneaux d'arrosement	240
Bouches d'arrosage à la lance	2,900
Bouches d'incendie	80
Bureaux de stationnement	155
Effets d'eau d'urinoirs	681
Établissements de l'État	152
Établissements du Département	14
Établissements de l'Assistance publique	83
Édifices religieux	49
Écoles et colléges	247
Établissements municipaux divers	167
Grands parcs (bois de Boulogne, bois de Vincennes, Champs-Élysées)	3
Squares	33
Abonnements du service privé[1]	38,000

Les eaux de sources sont exclusivement destinées au service privé. Néanmoins les abonnés peuvent choisir, si cela leur convient, l'autre espèce d'eau qui circule dans leur rue. L'eau de source arrive partout aux étages supérieures des maisons.

Ces eaux sont recueillies dans les onze grands réservoirs de Ménilmontant, Passy, Belleville, Charonne, parc des Buttes-Chaumont, Monceau,

[1] Ce nombre paraîtrait petit comparé au nombre des abonnements de Londres, qui dépasse 500,000, si l'on ne savait que les maisons de Paris sont très-grandes et qu'elles sont au nombre de 70,000 seulement.

Gentilly, Panthéon, Saint-Victor, Racine, Vaugirard, et dans les cuvettes de distribution du cimetière de Passy, de Montmartre et du château de Montmartre. La capacité de ces réservoirs est de 231,000 mètres cubes.

Les dessins du plus grand de ces bassins, du réservoir de Ménilmontant, ont été exposés à Vienne.

Le réservoir de Montrouge, qui recevra les eaux de la Vanne, est en construction. Sa capacité est plus grande que celle du réservoir de Ménilmontant: elle est de 305,000 mètres cubes.

Réservoir de Ménilmontant. — Ce réservoir est à deux étages; les deux bassins inférieurs, d'une capacité de 28,500 mètres cubes, reçoivent les eaux de la Marne relevées par les machines de Saint-Maur. Le trop-plein est à l'altitude 100. Les deux bassins supérieurs, d'une capacité de 100,000 mètres cubes, reçoivent les eaux de la Dhuis et de la source de Saint-Maur. Leur trop-plein est à l'altitude 108.

Les deux étages sont séparés par des voûtes d'arêtes de 35 centimètres d'épaisseur, en meulière et mortier de ciment de Vassy.

Les bassins supérieurs portent une couverture légère formée de voûtes d'arêtes de 6 mètres d'ouverture et de 7 centimètres d'épaisseur. Ces voûtes sont couvertes d'une couche de terre gazonnée de 40 centimètres d'épaisseur. La surface utile du réservoir est de deux hectares.

Il a coûté, en nombre rond, 4,030,000 francs, y compris 380,000 fr. pour acquisition de terrain. Sa capacité utile étant de 128,000 mètres cubes, le prix du mètre cube de capacité est de 28 francs.

Trois usines hydrauliques, Saint-Maur, Trilbardou et Isles-les-Meldeuses, relèvent les eaux de la Marne. On a exposé à Vienne les plus remarquables de ces appareils, ceux de Saint-Maur et de Trilbardou.

Usine de Saint-Maur. — Cette grande usine se compose :

De 4 roues du système Girard, de 120 chevaux chacune, soit ensemble	480 chevaux.
Et de 3 turbines du système Fourneyron, de 100 chevaux chacune, soit ensemble	300
TOTAL de la force hydraulique	780
On y ajoute en ce moment deux machines à vapeur de 150 chevaux chacune	300
FORCE TOTALE de l'usine	1,080 chevaux.

La force motrice est due à l'eau de la Marne et à la chute du canal de Saint-Maur. La Marne contourne le promontoire connu sous le nom de

Boucle de Marne, et, après un trajet de 13,000 mètres, revient sur elle-même passer à 1 kilomètre environ de son point de départ. Le canal de Saint-Maur coupe l'isthme à son point le plus étroit par un court souterrain.

Pour ne point nuire à la navigation, la Ville a creusé un second souterrain qui conduit l'eau à son usine.

Les travaux, commencés en 1864, ont été terminés en 1865. La chute qu'on gagne ainsi est de 5m,10 environ en très-basses eaux : elle est en moyenne de 4 mètres.

Deux des roues du système Girard sont employées à monter 12,000 mètres cubes d'eau par 24 heures, puisée dans la source que j'ai découverte à Saint-Maur. Le puisage est fait à l'altitude 28, et l'eau est élevée à l'altitude 108 dans le réservoir de la Dhuis à Ménilmontant, soit à 80 mètres de hauteur.

Les deux autres roues et deux des turbines puisent 28,000 mètres cubes d'eau de la Marne à l'altitude 34 mètres, et les refoulent à l'altitude 100, soit à 66 mètres de hauteur, dans les bassins inférieurs de Ménilmontant.

Enfin une des turbines prend 12,000 à 15,000 mètres cubes d'eau à l'altitude 34 mètres, et les élève à l'altitude 72 mètres, soit à 38 mètres dans le lac de Gravelle, qui sert de réservoir à la distribution du bois de Vincennes.

Lorsque toutes les machines marchent, le volume d'eau monté en 24 heures par l'usine de Saint-Maur est donc de 52,000 à 55,000 mètres cubes. En 1873, le volume d'eau maximum a été monté en mai et s'est élevé à 51,075 mètres cubes. Le minimum a eu lieu après le chômage de la Marne, pendant le remplissage des biefs, au mois d'août, et ne s'est élevé qu'à 27,216 mètres cubes.

C'est pour parer à cette faiblesse du service, qui a toujours lieu au moment où l'eau est le plus nécessaire, pendant les grandes chaleurs, qu'on établit en ce moment les deux machines à vapeur de 150 chevaux.

Usine de Trilbardou. — Depuis 1857, toute la partie de la France située au nord du plateau central a souffert d'une sécheresse dont on ne trouve aucun exemple dans les XVIIe et XVIIIe siècles, et très-probablement, en remontant dans les siècles antérieurs, jusqu'au XVe. Il est résulté de ces sécheresses que non-seulement la navigation des canaux Saint-Denis et Saint-Martin, alimentés par les eaux du canal de l'Ourcq, était arrêtée pendant les mois chauds, mais encore que la Ville ne pouvait tirer de ce dernier canal les 105,000 mètres cubes qu'elle a le droit d'y puiser tous les jours. En réalité, ce puisage est tombé dans certains mois au-dessous de 80,000 mètres cubes.

Cette situation était intolérable, et l'État a autorisé la Ville de Paris à puiser dans la Marne 500 litres d'eau par seconde au moulin de Trilbardou, dont elle a fait l'acquisition, et un pareil volume de 500 litres au barrage d'Isles-les-Meldeuses, construit par la navigation et dont la chute a été mise à sa disposition.

Ces usines ne travaillent donc que pendant les basses eaux d'été, lorsque l'alimentation du canal de l'Ourcq est insuffisante.

On a exposé à Vienne le modèle de la roue principale de Trilbardou. C'est une roue de côté du système Sagebien. Son diamètre est de 11^{m},04; sa largeur en couronne, de 5^{m},96. La chute varie de 40 centimètres à 1^{m},20; la roue peut absorber de 500 à 1,100 litres d'eau par seconde et par mètre de couronne; elle fait un tour et demi par minute. Elle élève l'eau à 15 mètres environ, et peut en monter 28,000 mètres cubes par jour. Son rendement en eau montée, lorsque la chute est bonne, est égal aux $\frac{70}{100}$ de la puissance théorique de la chute. C'est certainement le meilleur moteur que la Ville possède.

Il est inutile de décrire les autres établissements qui élèvent l'eau distribuée dans Paris. Ces établissements sont pourvus de machines à vapeur et de pompes dont les types sont connus. Le tableau suivant donne les résultats obtenus en 1873 avec ces machines.

On doit faire remarquer que deux des établissements, Auteuil et la Fontaine du But, sont des établissements purement provisoires.

DÉSIGNATION des ÉTABLISSEMENTS.	FORCE EN CHEVAUX COMPTÉE en eau montée nominale.	FORCE EN CHEVAUX COMPTÉE en eau montée développée en 1873.	DÉPENSE TOTALE en 1873.	DÉPENSE PAR CHEVAL charbon.	DÉPENSE PAR CHEVAL totale.	CHARBON BRÛLÉ par cheval et par heure.	VOLUME TOTAL d'eau montée en 1873.	DÉPENSE PAR MÈTRE CUBE d'eau montée dans les 2 réservoirs.	DÉPENSE PAR MÈTRE CUBE d'eau montée à 1 mètre.
1° POMPES A FEU.									
			fr.	fr.	fr.	kil.	mèt. c.	fr.	fr.
Port-à-l'Anglais (2 machines à vapeur)	"	39,73	47,271	640,28	1,189,92	2,02	1,299,301	0,036	0,000,503
Maisons-Alfort (2 machines à vapeur)	"	47,55	60,082	801,88	1,263,64	2,44	1,654,055	0,036	0,000,543
Austerlitz (2 machines à vapeur)	180	161,33	163,445	556,95	1,013,12	1,50	5,820,047	0,028	0,000,498
Chaillot (2 machines à vapeur)	240	228,08	400,291	1,240,27	1,755,08	3,38	10,780,891	0,037	0,000,742
Auteuil (établiss' provisoire)	"	24,19	62,437	1,694,28	2,581,01	4,67	1,080,487	0,058	0,001,091
Saint-Ouen (2 machines à vapeur)	"	56,17	80,053	837,27	1,425,32	2,59	1,667,457	0,048	0,000,603
Place de l'Ourcq (1 machine à vapeur)	50	29,61	46,044	673,93	1,554,98	1,84	1,434,728	0,032	0,000,658
Ménilmontant (2 machines à vapeur)	36	13,97	39,271	1,182,67	2,810,31	8,09	984,702	0,040	0,001,183
Fontaine du But (établissement temporaire)	"	4,34	22,879	2,433,90	4,697,38	6,16	228,381	0,100	0,002,232
TOTAUX	.....	604,95	921,775	"	"	"	24,950,049	"	"
MOYENNES	.....	....	....	944,43	1,523,71	"	"	0,0369	"
2° USINES HYDRAULIQUES.									
Saint-Maur (7 turbines ou roues turbines)	585	368,59	91,043	"	246,97	"	"	0,0065	0,000,104
Isles-les-Meldeuses (2 roues turbines)	100	35,05	10,672	"	304,47	"	"	0,0016	0,000,129
Trilbardou (1 roue Sagebien, 1 roue de côté)	100	35,10	29,226[1]	"	832,43	"	"	0,0053	0,000,352
TOTAUX	.....	438,74	130,941	"	"	"	"	"	"
MOYENNES	.....	....	....	....	298,44	"	"	0,0050	"

[1] Accident grave survenu aux pompes par une manœuvre imprudente.

Aqueducs de dérivation d'eaux de source. — L'altération progressive des eaux de la Seine par les déjections de l'industrie et de la population décida l'Administration municipale à dériver un volume d'eau de sources suffisant pour subvenir à tous les besoins de la population. L'entreprise était difficile, car le bassin de la Seine, entre la mer et le pied de la chaîne de la Côte-d'Or, est un vaste plateau dont l'altitude dépasse de bien peu celle des points culminants de la ville, Belleville et Montmartre.

Les sources de tout le bassin de la Seine furent explorées, et on constata, après de longues études, les faits suivants :

Paris est entouré d'une lentille de gypse qui altère la qualité de toutes les sources importantes jusqu'aux limites de la Normandie, de la Champagne et de la Beauce. C'est au delà de ces trois limites qu'il fallait trouver des eaux de sources assez abondantes pour alimenter le service privé de Paris, assez élevées pour atteindre les points culminants de la ville, et aussi peu chargées de sels terreux que celles de la Seine.

Les belles sources de la Beauce et de la Normandie furent écartées, soit parce que leur altitude est trop basse, soit parce que leur dérivation présente d'énormes difficultés, soit parce que les usines qu'elles font marcher sont si nombreuses et si importantes, qu'il était difficile de les exproprier.

C'est donc en Champagne qu'on chercha et trouva les sources nécessaires.

L'opération fut scindée en deux. Le volume d'eau nécessaire à l'alimentation des quartiers hauts de la rive droite, évalué à 40,000 mètres cubes par 24 heures, provient des sources d'un affluent de la Marne, le Surmelin.

La ville possède les principales sources de cette rivière, notamment la Dhuis, qui a donné son nom à l'aqueduc de dérivation.

Les eaux de la Dhuis sont distribuées à Paris depuis 1865. Il n'a été rien exposé à Vienne qui se rattache à ce grand ouvrage, si ce n'est le réservoir de Ménilmontant, dont il a été question ci-dessus.

La longueur de l'aqueduc se décompose ainsi :

Parties voûtées dans des tranchées à ciel ouvert......	100,822 mètres.
Parties en souterrain..........................	12,928
Siphons pour traverser les vallées................	17,130
LONGUEUR TOTALE................	130,880 mètres.

L'aqueduc a 1m,76 de hauteur sous clef et 1m,40 de largeur aux naissances de la voûte. Les siphons sont formés de tuyaux de fonte de 1 mètre de diamètre.

La source de la Dhuis est à l'altitude	128 mètres.
L'eau arrive au réservoir de Ménilmontant à l'altitude	108
LA PENTE TOTALE de l'aqueduc est donc	20 mètres.

La perte de charge dans les siphons est de 55 centimètres par kilomètre; la pente de l'aqueduc maçonné est de 10 centimètres par kilomètre.

Dérivation des sources de la vallée de la Vanne. — L'eau de ces sources est destinée à alimenter les maisons des quartiers bas et moyens. Le débit de l'aqueduc en basses eaux sera de 90,000 mètres cubes, le débit moyen de 100,000 mètres cubes par 24 heures.

Les travaux de l'aqueduc de la Vanne sont suffisamment avancés pour conduire à Paris en ce moment environ 40,000 mètres cubes d'eau par 24 heures. Le prix élevé des fontes n'a pas permis de construire partout les deux branches des siphons. On espère les terminer cette année, ainsi que les machines hydrauliques qui doivent relever des sources basses, et alors la puissance de l'aqueduc sera de 100,000 mètres cubes au moins.

On a exposé à Vienne :

1° Les photographies des sources principales, source d'Armentières, source du Bîme de Cérilly, source de Saint-Philibert, source du Miroir de Theil, source de Noé ;

2° Le profil en long de l'aqueduc et la coupe géologique de la tranchée;

3° La carte géologique;

4° Les dessins et photographies des principaux ouvrages, savoir : souterrains de Coquibut et de Montrouget, siphon de l'Yonne, siphon de Moret, percement de souterrain, arcades du Grand-Maître, pont-aqueduc d'Arcueil;

5° Un album complet des photographies de l'aqueduc.

Les sources. — Les sources qu'on dérive par les travaux qui s'exécutent en ce moment n'ont jamais donné moins de 73,000 mètres cubes en 24 heures. En moyenne, leur débit atteint au moins 100,000 mètres cubes.

La source complémentaire qu'on y adjoindra en temps de basses eaux porte le nom de Cochepie; elle appartient à la Ville de Paris et sera jetée dans l'aqueduc par des travaux relativement peu importants.

La limpidité de ces sources est admirable, et elles sont bien rarement troublées, à peine une ou deux fois par an. L'une d'elles, la source de Saint-Philibert, depuis quatorze ans que la Ville de Paris la possède, n'a jamais perdu sa splendide limpidité.

L'analyse de leurs eaux a été faite par MM. Wurtz et Mangon, membres de l'Institut, et il a été constaté qu'elles ne contenaient, pour ainsi dire, que du carbonate de chaux dans la proportion de 17 à 20 centigrammes par litre.

Leur titre hydrotimétrique, d'après les essais de M. Belgrand, est compris entre 17 et 20 degrés. Il y a donc concordance parfaite entre les analyses et les essais, puisque 1 centigramme de carbonate de chaux correspond à 1 degré hydrotimétrique. Cette proportion de carbonate de chaux est excellente; elle n'est pas assez grande pour que l'eau soit incrustante; elle suffit pour rendre la fonte et le plomb inattaquables par l'eau. Suivant les chimistes français, et notamment M. Dumas, une dose de 15 à 20 centigrammes de carbonate de chaux par litre est indispensable pour que l'eau soit parfaitement salubre.

Les sources de la Vanne sont disposées en deux groupes. Les sources hautes, qui arrivent dans l'aqueduc par la simple action de la gravité, sont : la Bouillarde, Armentières, le Bîme de Cérilly et Flacy. L'eau de cette dernière est relevée de quelques mètres par des turbines et des pompes à force centrifuge actionnées par l'eau du Bîme de Cérilly. Les sources hautes ne donnent jamais moins de 35,000 mètres cubes par 24 heures, et leur débit s'élève parfois jusqu'à 100,000 mètres cubes. Les sources basses, qui coulent à 15 ou 20 mètres au-dessus du niveau de l'aqueduc principal, sont : Chigy, le Maroy, Saint-Philibert, Malortie, Capray-Roy, l'Auge, le Miroir de Theil et Noé. Leur débit est peu variable et descend rarement au-dessous de 40,000 mètres cubes par 24 heures.

Trois usines actionnées par les eaux de la Vanne seront employées à relever l'eau de ces sources, savoir :

Usine de Chigy. — Une roue Sagebien et un système de pompes remplaçant l'ancien moulin de Chigy acheté par la Ville relèveront les sources de Chigy et du Maroy d'environ 15 mètres.

Usine de la Forge. — Deux turbines du système Féray remplaceront l'ancien moulin de la Forge et relèveront, de 18 mètres environ, au moyen de pompes, une partie de l'eau des sources des Saint-Philibert, de Malortie, de Capray-Roy, de l'Auge, du Miroir de Theil et de Noé.

Usine de Malay-le-Roy. — La Ville a acheté le grand moulin de ce nom et l'a remplacé par une roue Sagebien et des pompes qui relèveront le reste de l'eau de ces six sources.

Ces trois usines sont presque achevées et fonctionneront vers la fin de l'année courante.

Dispositions principales de l'aqueduc. — La longueur de l'aqueduc se décompose ainsi :

Parties voûtées en tranchée ou supportées par des substructions.	93,000 mètres.
Parties supportées par des arcades	16,600
Parties voûtées en souterrains	41,900
Siphons	21,500
Longueur totale	173,000 mètres.

Dans cette longueur sont compris 16,223 mètres d'aqueducs de captation des sources, soit en fonte, soit en maçonnerie, dont les dimensions varient suivant l'importance du travail à faire, savoir :

Conduites libres	9.605 mètres.
Conduites forcées	6.618
Ensemble	16,223 mètres.

et, de plus, un aqueduc collecteur de forme circulaire de 20,386 mètres de longueur, dont le diamètre intérieur varie de 1^{m},70 à 1^{m},80. L'aqueduc principal qui fait suite à ce collecteur est aussi de forme circulaire; son diamètre varie de 2 mètres à 2^{m},10.

Les siphons se composent de deux conduites en fonte de 1^{m},10 de diamètre intérieur.

L'altitude du point de départ de l'aqueduc collecteur est, à la source d'Armentières, de	111^{m}.17
Celle du trop-plein du réservoir de Montrouge, à l'arrivée de l'eau à Paris, de	80 .00
Pente totale de l'aqueduc	31^{m},17

La pente par kilomètre de l'aqueduc collecteur est de 20 centimètres; celle des parties maçonnées du grand aqueduc varie de 10 à 12 centimètres.

Enfin la perte de charge des siphons est de 60 centimètres par kilomètre.

Aqueduc collecteur. — La longueur de l'aqueduc collecteur, entre les sources d'Armentières et l'aqueduc principal, se décompose ainsi :

Partie en tranchées ordinaires	12,240 mètres.
25 souterrains	5,746
Substructions et arcades de la Vanche, de Milly, de Monteaudouard, du siphon de Pont-sur-Vanne et de la porte de Theil, etc.	1,000
Siphon de la Vanne, longueur développée	1,400
LONGUEUR TOTALE	20,386 mètres.

Les souterrains et tranchées sont ouverts dans la craie ou dans des terrains de transports, limon, arène et cailloux provenant souvent de la craie; ces travaux ont été très-difficiles sur 3 kilomètres à partir d'Armentières, parce qu'on y a trouvé de très-grandes sources qu'on a renfermées dans un drain.

Le siphon de la vallée de la Vanne traverse la tourbière qui en occupe le fond sur une longueur d'environ 1 kilomètre. Les tuyaux de 1m,10 de ce siphon sont supportés au-dessus de la tourbe par des pieux : ils sont recouverts d'un remblai crayeux.

Aqueduc principal jusqu'au siphon de l'Yonne. — L'aqueduc principal commence sur les coteaux de la rive droite de la Vanne, presque en face de l'usine de la Forge, qui relève une partie des sources basses. Il passe sans discontinuité de la vallée de la Vanne à celle de l'Yonne, dont il suit également la rive droite jusqu'au siphon qui traverse cette dernière vallée. Sa longueur se décompose ainsi :

Partie construite en tranchée	14,974 mètres.
10 souterrains	1,375
Substructions et arcades de Beauregard, de Vaumarot, du siphon de Saligny, du siphon de Soucy, de Cuy, de la Chapelle, du siphon de l'Yonne, etc.	1,575
Siphons de Saligny et de Soucy	1,036
LONGUEUR TOTALE	18,960 mètres.

Siphon de l'Yonne. — Ce siphon est le plus grand de tous; sa longueur développée est de 3,737 mètres; sa flèche est de 40 mètres. Il est soutenu au-dessus des eaux des crues de l'Yonne par un pont-aqueduc de 1,493 mètres de longueur, composé de 45 arches de 6 mètres d'ouverture, 21 de 7 mètres, 80 de 8 mètres, 10 de 12 mètres, 2 de 22m,60, 3 de

30 mètres et une de 40 mètres. Il est construit en béton aggloméré, système Cognet.

La tranchée qui reçoit les tuyaux est ouverte dans des alluvions limoneuses ou caillouteuses anciennes. Ces alluvions quaternaires se soudent, sans discontinuité, aux alluvions du cours d'eau moderne. Le siphon, sur la rive gauche, remonte dans la craie blanche. Il n'y a rien à dire des terrains de transport limoneux peu importants traversés au fond des autres vallées, ni des blocs de grès superficiels qu'on rencontre çà et là à la surface du sol.

Aqueduc principal, depuis le siphon de l'Yonne jusqu'à la fin des arcades de Fresnes et des terrains crétacés. — Cette partie de l'aqueduc est remarquable par le nombre et la longueur des souterrains qui percent les contre-forts de la craie. Sa longueur se décompose ainsi :

Partie ouverte en tranchée	8,814 mètres.
15 souterrains	9,345
Substructions et arcades d'Oilly, Pont-sur-Yonne, Villemanoche, la Chapelle, Aigremont, Chevinois, de Fresnes, etc	1,488
Siphons d'Oilly, Villemanoche, Aigremont, Chevinois	1,871
Longueur totale	21,518 mètres.

La plus grande partie des tranchées est ouverte dans des terrains limoneux superficiels. Le terrain crétacé est particulièrement propre aux travaux des aqueducs; on y a ouvert plus de 30 kilomètres de souterrains, ce qui n'a exigé, pour ainsi dire, aucun boisage.

Aqueduc principal dans les terrains tertiaires éocènes, depuis les arcades de Fresnes jusqu'à l'extrémité des substructions de Moret, entrée de la forêt de Fontainebleau. — La longueur de cette partie de l'aqueduc se décompose ainsi :

Parties construites en tranchées	7,336 mètres.
Souterrains du Tertre-Doux, de la Fontenotte, des Carrières, de Rudignon, de Noisy-le-Sec, de Vaubert, des Sureaux, de Ville-Saint-Jacques, de la Fontaine, de la Colonne	5,658
Arcades et substructions du siphon du Loing, de la Grande-Paroisse, etc	443
Siphon de Moret, longueur développée	2,357
Total	15,794 mètres.

La craie paraît encore dans certaines parties, surtout dans le souterrain de la Fontenotte et çà et là dans le souterrain du Tertre-Doux.

Les terrains tertiaires que le tracé rencontre jusqu'à Paris sont à niveau décroissant. L'aqueduc les traverse donc successivement, en commençant par les plus anciens, c'est-à-dire par les terrains éocènes. Contrairement à ce qui a lieu dans la plus grande partie du bassin de la Seine, la formation éocène est entièrement composée de terrains d'eau douce. L'aqueduc passe d'abord en souterrain dans un mamelon de sable d'eau douce, connu dans le pays sous le nom de Tertre-Doux. Puis il entre dans l'argile plastique, composée d'une seule couche de glaise panachée de gris, de violet et de rouge, véritable terrain éruptif analogue à ceux que vomissent encore de nos jours les geysers d'Islande. Au-dessus de la glaise s'élève une masse puissante de calcaire d'eau douce d'une grande dureté. Les souterrains de Rudignon, de Noisy-le-Sec, de Ville-Saint-Jacques sont ouverts, partie dans l'argile, partie dans le calcaire, quelquefois dans les deux à la fois. Ils ont donné lieu à de grandes difficultés d'exécution. L'extraction du calcaire d'eau douce dans le souterrain de Ville-Saint-Jacques a coûté 32 francs par mètre cube.

C'est surtout à partir de ce souterrain que se développe un terrain de transport très-important, le limon diluvien à deux couches, dans lequel la tranchée de l'aqueduc est ouverte sur une grande longueur. Ce limon ne se trouve que sur les plateaux dépourvus de pente. Vers la fin de l'invasion des eaux diluviennes qui ont creusé les vallées du bassin de la Seine, cette masse de boue liquide a perdu peu à peu sa vitesse, et, lorsque cette vitesse n'a plus été assez grande pour tenir en suspension les parties grossières du limon, il s'est formé instantanément un premier dépôt composé entièrement de limon grossier: au-dessus s'est abaissé plus lentement un nuage de limon fin qui forme la seconde couche. Ce terrain de transport s'étend sur les plateaux sans pente qui occupent une très-grande partie du bassin de la Seine, de la Picardie et de la Flandre. Il est la source de la richesse des cultures de la Brie, de la Beauce, du Vexin, de la Normandie, etc. Rarement il descend sur les pentes. Entraîné par les pluies, il a été étalé par les débordements des cours d'eau sur le fond des vallées, qu'il a fertilisées.

Ce terrain, lorsqu'il est intact, c'est-à-dire lorsqu'il est composé de deux couches, ne renferme jamais de débris organiques; mais, lorsqu'il a été remanié par les eaux pluviales, on y rencontre çà et là des fossiles, et notamment des ossements de mammifères de l'époque quaternaire. Il a été fait dans les tranchées de l'aqueduc d'intéressantes découvertes de ce genre.

Entre l'extrémité du souterrain de Ville-Saint-Jacques et la tête du siphon du Loing, l'aqueduc a été construit en tranchée dans le limon des plateaux à deux couches et sans difficultés sérieuses. Ce limon, véritable terre franche, n'est ni glissant comme l'argile, ni ébouleux comme le sable.

Sur une longueur de quelques mètres, on a trouvé dans la tranchée une quantité de bois de rennes encore adhérents aux ossements de la tête. Plusieurs de ces bois étaient entiers; mais ils étaient tellement friables, qu'on n'a pu conserver que la base des bois jusqu'au-dessus du premier andouiller. Le limon était formé d'une seule couche très-peu homogène, analogue aux alluvions des bords des cours d'eau. De plus, le fond de la fouille était tapissé de cailloux roulés; évidemment ce dépôt correspondait au lit d'un ruisseau. Ce lit a été comblé par les matières entraînées par les eaux pluviales.

Le siphon de Moret descend et remonte les coteaux de la vallée au fond d'une tranchée ouverte dans le calcaire d'eau douce: au fond de la vallée, il est supporté, au-dessus du niveau des grandes eaux du Loing, sur 53 arcades d'une longueur totale de 584 mètres, dont la photographie et les dessins ont été exposés à Vienne. Les fondations de ce grand pont-aqueduc reposent sur les graviers des alluvions anciennes du Loing.

L'extrémité d'aval du siphon passe par-dessus le chemin de fer du Bourbonnais, sur un pont métallique de 30 mètres d'ouverture: à peu de distance de ce point, le tracé quitte le calcaire d'eau douce pour entrer dans un terrain marin.

Aqueduc principal dans les sables de Fontainebleau, depuis les constructions de Moret jusqu'aux arcades de Chevannes. — Sa longueur se décompose ainsi :

Parties en tranchée	16,162 mètres.
Souterrains de Bouligny, de Montmorillon, de Médicis, de la Salamandre, de Noisy, de Milly, de Coquibu, de Montrouget, du Thurelles, de Dannemois, de la Padole, de Beauvais, et petits souterrains	11,477
Souterrains à fenêtres d'Arbonne, de Noisy	1,618
Arcades et substructions des Sablons, du Grand-Maître, de la route de Nemours, de la route d'Orléans, de la Goulotte, du siphon d'Arbanne, de Noisy-sur-École, de Montrouget, du siphon de Montrouget, du siphon de Dannemois, etc.	6,183
Siphons d'Arbonne, de Montrouget, de Dannemois	3,225
Siphon de route	27
LONGUEUR TOTALE	38,692 mètres.

La masse énorme de sablon de la forêt de Fontainebleau a été un des plus grands obstacles du tracé de l'aqueduc de la Vanne. D'après un premier projet dressé en 1865, on contournait ces sables en suivant les bords de la Seine. A l'extrémité de la forêt, on perdait une partie de la pente, et l'on arrivait à Paris à l'altitude 70 mètres, qui était trop basse.

Lorsque l'affaire fut reprise en 1865, après l'achèvement de l'aqueduc de la Dhuis, on a suivi un de ces longs ravins d'origine diluvienne qui sillonnent la masse des sables. On a ainsi traversé ce terrain, si tourmenté en apparence, sensiblement en ligne droite, sur une longueur de 23 kilomètres, et l'on a pu arriver à Paris à l'altitude 80 mètres, qui est indispensable pour la distribution.

Le profil en long de ce sillon rectiligne est loin d'être régulier; l'aqueduc y est supporté sur 5,200 mètres d'arcades; il s'enfonce en souterrain sur un développement de 5,900 mètres. En dehors de la forêt, à partir de Coquibu, on trouve encore de grandes masses de sable percées en général par des souterrains.

Parmi les ouvrages construits dans la traversée des sables, il en est de très-considérables, dont les dessins et les photographies ont été exposés à Vienne, notamment les arcades du Grand-Maître, de la route d'Orléans, le souterrain et les rochers de Coquibu, etc.

Dans ces sablons, une quantité considérable d'ossements d'halitérium a été découverte. Ces intéressants fossiles ont été détruits par l'incendie de l'Hôtel de Ville.

Cette partie du tracé de l'aqueduc ne se tient pas toujours dans les sables; il sillonne çà et là le limon des plateaux à deux couches, comme au siphon de Montrouget et dans la plaine de Beauvais. Il rentre dans les calcaires d'eau douce, dans la traversée de la petite rivière d'École, et l'on y a encore fait une découverte géologique très-intéressante.

Dans les limons anciens du lit de la rivière, on a découvert le crâne d'un grand cervidé, le *Megaceros hibernicus*. Les mamelons de sables de Fontainebleau sont recouverts assez souvent d'une épaisse table de grès, et quelquefois la masse du calcaire de Beauce; au-dessus du souterrain de la Padole, on a trouvé cette table de grès striée comme les roches qui se trouvent sur le chemin des glaciers. Cette découverte a beaucoup intéressé les géologues: elle a été l'objet de deux visites de la part de la Société géologique à la Padole. La photographie d'un des fragments de cette roche striée se trouve dans l'album exposé à Vienne.

Aqueduc principal. — Tracé dans le limon des plateaux et les amas de meulières du pays d'Hurepoix, entre les arcades de Chevannes et le siphon de l'Orge :

Parties en tranchées	3.347 mètres.
Souterrains de Montrevain et de Courcouronnes	427
Arcades et substructions de Chevannes, du siphon d'Ormoy, de Courcouronnes, de Ris-Orangis et de Viry	12.530
Siphon d'Ormoy	1.451
10 petits siphons maçonnés sous les routes et chemins	264
Longueur totale	18.019 mètres.

Le plateau d'Hurepoix, que l'aqueduc traverse depuis Chevannes jusqu'au siphon de l'Orge, est absolument plat et a une altitude un peu trop basse : il en résulte que, sur 11,612 mètres, l'aqueduc s'y trouve en relief au-dessus du sol, porté tantôt sur de basses substructions, tantôt sur des arcades. Les tranchées sont ouvertes dans le limon à deux couches, sous lequel on a trouvé généralement les meulières disséminées en larges amas. On a naturellement employé ces excellents matériaux pour la construction de l'aqueduc. La deuxième couche du limon a été trouvée assez solide pour porter les fondations des arcades de Courcouronnes.

La vallée de l'Essonne, qui traverse le pays d'Hurepoix, a été franchie par un siphon. Comme toutes les vallées du bassin de la Seine, dont les versants sont entièrement perméables, la vallée de l'Essonne est très-tourbeuse. Sur une longueur de 400 mètres environ, la double conduite qui constitue le siphon est supportée par un pilotis dont les pieux ont jusqu'à 15 mètres de longueur. Entre l'Essonne et l'Orge, à Courcouronnes, l'aqueduc perce, par un souterrain, un mamelon de sable de Fontainebleau. Cette partie de l'aqueduc, en raison de ces nombreux ouvrages d'art, a été fort coûteuse, sans être d'une exécution difficile.

Siphon de la Vallée de l'Orge. — Longueur développée : 1,972 mètres.

La tranchée du siphon de l'Orge traverse, au sommet des coteaux, l'extrémité des dépôts de meulières, tantôt en plan, tantôt en éboulis, puis les marnes vertes et le calcaire d'eau douce (calc. de Saint-Ouen). A l'altitude 60^{m},76, il rencontre, sur la pente du coteau de la rive droite, le limon ancien du lit de l'Orge. Au fond de la vallée, il repose sur l'alluvion ancienne de la rivière.

Aqueduc principal entre l'origine du siphon de l'Orge à Paris.

Parties ouvertes en tranchées	6.104 mètres.
Souterrains de Champagne, de Rungis, de Chevilly, de l'Hay, des Saussayes, des Sablons, des Garennes, du fort de Montrouge	8,215
A reporter	14.319

Report	14,319 mètres.
Arcades et substructions d'Arcueil, de Gentilly, des fortifications	2,602
Siphon du fort de Montrouge	275
Longueur totale	17,196 mètres.

Entre le siphon de l'Orge et la Bièvre, le tracé traverse d'abord la partie inférieure des terrains miocènes: dans le souterrain de Champagne, il rencontre notamment le calcaire à *ostrea longirostris;* à partir de la sortie de ce souterrain jusqu'à 1,500 mètres de l'Hay, la tranchée traverse le limon des plateaux et atteint les amas de meulières. Il entre ensuite en souterrain dans les glaises vertes, sur une longueur de 2,800 mètres. Cette partie du travail a été rendue très-difficile par la présence de la nappe d'eau des marnes vertes qu'on a rencontrée presque partout. L'aqueduc est construit sur un large tuyau de drainage qui conduit l'eau de cette nappe dans l'ancien aqueduc d'Arcueil, dont le débit a été presque doublé. L'aqueduc marche ainsi à quelque distance de celui d'Arcueil jusqu'au village de ce nom, et il franchit la vallée de la Bièvre sur 77 arcades de 990 mètres de longueur totale, superposées à celles du pont-aqueduc de Marie de Médicis, et qui s'élèvent à 38 mètres au-dessus du fond de la vallée. Une des photographies de l'Exposition représente une partie de cet ouvrage: on y voit un reste de l'aqueduc romain et le pont-aqueduc de Marie de Médicis surmonté par les arcades de la Vanne. Avant d'arriver à l'aqueduc d'Arcueil, le tracé rencontre une faille qui relève le calcaire grossier au niveau des marnes vertes, et il reste dans ce calcaire jusqu'à Paris.

Le calcaire grossier a été exploité presque partout, soit en souterrain, soit à ciel ouvert, et de grands travaux de consolidation ont dû être exécutés à une vingtaine de mètres au-dessous du sol.

La description sommaire qui précède donne l'indication des ouvrages d'art qui ont dû être exécutés en divers points de l'aqueduc.

En général, on s'est servi, pour les maçonneries, des matériaux qu'on trouvait sur place dans le pays. Ainsi, depuis l'origine du tracé jusqu'à la limite du terrain crétacé (voir ci-dessus), les maçonneries des parties couvertes de l'aqueduc ont été faites en silex de la craie avec mortier de ciment. Entre cette limite et le Loing, on a fait usage du béton aggloméré, système Coignet, avec sable de rivière, seule matière qu'on avait sous la main.

Depuis le Loing jusqu'aux arcades de Chevannes, les seuls matériaux disponibles étaient les grès tendres et le sablon fin de Fontainebleau. Il a été reconnu que les enduits ne tenaient pas sur le grès. L'aqueduc a donc été fait en béton aggloméré avec sablon fin de Fontainebleau. Enfin, des bords de l'Essonnes, à Chevannes, jusqu'à Paris, on a trouvé partout, presque à pied d'œuvre, la meulière. L'aqueduc a naturellement été construit partout avec cet excellent moellon. Il est résulté de ce système une grande économie dans l'exécution des travaux. Ainsi, les 1,493 mètres du pont-aqueduc de l'Yonne n'ont coûté que 645,212 francs, y compris les travaux en régie.

De même, le décompte des travaux du pont-aqueduc d'Arcueil, de 990 mètres de longueur, ne montera qu'à 932,000 francs; avec les matériaux appareillés dont on fait usage dans les travaux publics des mêmes contrées, les dépenses auraient été plus que doublées.

Volume d'eau disponible après l'achèvement de l'aqueduc de la Vanne. — Lorsque l'aqueduc de la Vanne sera complétement terminé, c'est-à-dire en 1875, le volume d'eau dont la Ville pourra disposer chaque jour sera :

Volume d'eau indiqué ci-dessus	355,000	mètres cubes.
Eau de la Vanne	90.000	
TOTAL	445,000	
Lorsque l'aqueduc de la Dhuis sera achevé, il faudra compter en plus	20,000	mètres cubes.
TOTAL	465,000	

En retranchant pour les mécomptes 45,000 mètres cubes (principalement sur le rendement des usines de Trilbardou et d'Isles-les-Meldeuses), il reste 420,000 mètres cubes.

La population de Paris, d'après les derniers recensements (31 décembre 1872), est de 1,851,792 habitants.

Le volume d'eau disponible étant de 420,000 mètres cubes, la consommation par tête et par jour pourrait être de

$$\frac{420.000^{\text{mc}}}{1.851.792} = 227 \text{ litres},$$

quantité plus que suffisante.

Il est probable que, pendant quelques années encore, les usagers laisseront, comme aujourd'hui, une partie de l'eau dans les réservoirs de la Ville.

Si l'on ne considère que l'eau consommée à domicile, et que l'on admette l'hypothèse qui se réalise aujourd'hui, c'est-à-dire que cette consommation soit la moitié de la consommation totale, on trouve que le volume d'eau qui, après l'achèvement des aqueducs, sera livré au service privé, sera de 114 litres par tête et par jour.

Distribution de l'eau. — Le service public et le service privé ne seront jamais complétement séparés, même lorsqu'il y aura deux conduites dans toutes les rues. Il a été décidé que les abonnés conserveraient toujours le droit de prendre leur eau dans la conduite du service public, lorsque cela leur conviendra mieux. Ainsi, dès cette année, l'eau de la Vanne, destinée au service privé, circulera dans les quartiers bas et moyens à côté de l'eau de l'Ourcq, destinée au service public. Les abonnés pourront, si cela leur convient, prendre l'eau de l'Ourcq, qui se vend 60 francs le mètre cube, de préférence à l'eau de la Vanne, qui se vendra, comme l'eau de Seine, 120 francs le mètre cube.

Les abonnés et les agents du service public puisant sur les mêmes conduites, il est absolument impossible de dire avec précision quel est le volume d'eau affecté à chacun de ces deux grands embranchements de la distribution, le service public et le service privé. Voici des indications approximatives sur ce point intéressant. Le nombre des maisons de Paris est de 70,000. Au 1er janvier 1873, le nombre des propriétaires abonnés aux eaux de la Ville se décomposait ainsi:

	NOMBRE D'ABONNEMENTS.	NOMBRE TOTAL DE MÈTRES CUBES PAR JOUR d'après les polices.	PRODUIT ANNUEL EN ARGENT au 1er janvier 1873.
Eau de l'Ourcq	15,706	36,822	2,042,456f 20c
Eau de Seine et autres	22,183	37,848	3,871,992 65
TOTAUX	37,889	74,670	5,914,448f 85c

Il faut ajouter au produit en argent les recettes des fontaines marchandes et quelques accessoires. La liquidation de 1873 s'est élevée à 6,358,398 fr. 41 cent.

La consommation journalière dépasse de beaucoup 74,670 mètres cubes d'eau, surtout pendant l'été, parce que les eaux de l'Ourcq et une partie des autres eaux sont distribuées à robinet libre, et qu'il y a un gaspillage énorme dont il ne faut pas se plaindre, car la salubrité de la Ville en profite.

On a eu quelques occasions de le constater. Ainsi, pendant le siége de Paris, le canal de l'Ourcq et l'aqueduc de la Dhuis ayant été coupés, tous les services se rattachant à la voie publique furent suspendus. L'eau restant disponible fut réservée pour les besoins des habitants, abonnés ou non, et pour les établissements hospitaliers, pour ceux de la Ville, du Département et de l'État. La consommation journalière s'éleva aux chiffres suivants :

Fin de septembre . . . . 116,000 mètres cubes.

Octobre . . . . $\frac{128 + 136}{2}$ = 132,000

Novembre . . . . $\frac{120 + 123}{2}$ = 122,000

Décembre . . . . $\frac{116 + 106}{2}$ = 111,000

Janvier . . . . $\frac{84 + 91}{2}$ = 88,000

Si l'on retranche de 10 à 12,000 mètres cubes pour les établissements publics, il reste en octobre environ 120,000 mètres cubes pour la consommation privée, et, qu'on le remarque bien, octobre est un mois de petite consommation.

On peut dire, d'une manière générale, que le volume d'eau distribué à Paris est réparti aujourd'hui d'une manière à peu près égale entre les services se rattachant à la voie publique et les services intérieurs, comprenant les maisons abonnées et les établissements de l'État et de la Ville.

Les prix d'abonnements aux eaux de la Ville par an, pour chaque mètre cube fourni par jour, sont réglés comme il suit :

Petits abonnements.

QUANTITÉ D'EAU JOURNALIÈRE FOURNIE.	PRIX PAR AN.	
	EAU D'OURCQ.	EAU DE SEINE ET AUTRES.
	francs.	francs.
Deux cent cinquante litres	"	60
Cinq cents litres	"	100
De un à cinq mètres cubes	60	120
De cinq à dix mètres cubes	50	100
De dix à vingt mètres cubes	40	80

Grands abonnements.

(Tels que ceux des chemins de fer.)

Volumes d'eau fournis par jour :

	Prix par an.
Pour 100 mètres cubes jusqu'à 200 mètres cubes.......	60 francs.
Ce prix décroît de 2 francs par mètre cube pour chaque accroissement de 50 mètres cubes jusqu'à 700 mètres cubes.	
Pour 700 mètres cubes le prix est de................	40

Au-dessus de 700 mètres cubes, le prix de l'eau reste invariable, parce que ce prix est d'environ 11 centimes par mètre cube, qui représente, à 2 centimes près, les dépenses de la Ville.

LES ÉGOUTS.

Plan général exposé à Vienne. — La longueur totale des égouts publics de Paris construits au 31 décembre dernier se décompose ainsi :

Grands égouts collecteurs..........................	29,757	mètres.
Égouts collecteurs..............................	36,879	
Égouts ordinaires..............................	506,477	
TOTAL......................	573,113	mètres.

A quoi il convient d'ajouter :

Branchements de bouches......................	37,345	
Branchements de regards......................	20,199	
LONGUEUR TOTALE des égouts publics...	630,657	mètres.
En outre, les branchements particuliers qui mettent les maisons en communication avec les égouts publics sont au nombre de 17,433; 16,800 sont curés par nos agents et ont une longueur de.............	140,000	
LA LONGUEUR TOTALE des égouts de Paris est de.	770,657	mètres.

La plupart des branchements particuliers desservent deux maisons.

Si nous ne considérons que les égouts proprements dits, qui forment, d'après ce qui précède, une longueur de 573 kilomètres, la longueur des rues étant de 866 kilomètres, il semble qu'il ne resterait à construire que 293 kilomètres.

Mais la plupart des rues de 20 mètres et au-dessus de largeur sont pourvues de deux égouts. Si l'on subdivise les égouts par arrondissement, on trouve les longueurs suivantes pour les égouts faits ou à faire.

	LONGUEUR EN KILOMÈTRES DES ÉGOUTS		
	construits.	à construire.	totale.
Ier arrondissement	24.5	8.4	32,9
IIe arrondissement	15,4	8.7	24.1
IIIe arrondissement	16.3	9.9	26,2
IVe arrondissement	16.6	14,2	30.8
V^e^ arrondissement	27,5	12.2	39,7
VIe arrondissement	20.4	17.5	37.9
VIIe arrondissement	26,6	20.6	47.2
VIIIe arrondissement	61.0	7,1	68,1
IXe arrondissement	33.6	9,3	42.9
X^e^ arrondissement	30.6	14.5	45,1
XIe arrondissement	33,0	19,8	52,8
XIIe arrondissement	26.5	29,0	55,5
XIIIe arrondissement	22,6	38,5	61,1
XIVe arrondissement	21,8	26.2	48,0
XVe arrondissement	28.1	36,3	64,4
XVIe arrondissement	51,9	37,6	89,5
XVIIe arrondissement	39,1	39,6	78,7
XVIIIe arrondissement	23,1	49,4	72.5
XIVe arrondissement	30,8	26,5	57,3
XXe arrondissement	15,3	36,4	51,7
Prolongement des collecteurs hors Paris.	8,3	00,0	8,3
TOTAUX	573.0	461,7	1,034,7

Il reste donc à construire 462 kilomètres d'égouts; mais on peut admettre qu'aujourd'hui 112 kilomètres de ces galeries seraient bien peu utiles.

En réalité, la longueur d'égouts à construire immédiatement ne dépasse pas 350 kilomètres.

Les égouts collecteurs sont nettoyés mécaniquement, les uns par des bateaux-vannes, les autres par des wagons-vannes.

Les égouts collecteurs curés par le bateau-vanne, types n°s 1 et 3, ont une longueur de	17,600 mètres.
Les autres collecteurs, types n°s 2 et 4 à 9, ont une longueur de	49,036
TOTAL	66,636 mètres.

Les longueurs des égouts ordinaires des divers types sont les suivantes :

Types	n° 10	35,137 mètres.
	n° 11	201
	n° 12	320.567
	n° 13	354
	n° 14	2,085
Anciens types		145,050
Sans types		3,082
	LONGUEUR TOTALE	506,476 mètres.

La longueur totale des égouts construits depuis la réorganisation du service, c'est-à-dire depuis 1866, est de 360 kilomètres.

Égouts collecteurs. — Dès le XVe siècle, on avait organisé à Paris un réseau d'égouts qui se déversaient dans un collecteur. La Ville étant bâtie à peu près entièrement sur la rive droite du fleuve, les égouts, ou plutôt l'égout unique de la rive gauche et ceux de la Cité, ne faisaient pas partie de ce réseau.

Des rigoles ou fossés à ciel ouvert recevaient toutes les eaux de la Ville et les versaient dans un cours d'eau naturel, le ruisseau de Ménilmontant, qui débouchait en Seine au ponceau de Chaillot.

Ce n'est pas ici le lieu de faire l'histoire de ces égouts. Il suffit de dire que le ruisseau de Ménilmontant mérita bientôt et prit le nom d'égout de ceinture. C'était un cloaque abominable, qui faisait fuir François Ier, propriétaire du château des Tournelles. Mais le château des Tuileries, qu'il acheta pour sa mère, ne valait pas beaucoup mieux, car les odeurs de l'égout de la porte Saint-Honoré le rendaient peu habitable. On n'était pas difficile alors, et, jusqu'au XVIIIe siècle, l'égout de ceinture continua à rouler des eaux infectes, dont la Bièvre nous donne encore une idée aujourd'hui.

En 1737, Turgot, alors prévôt des marchands, renferma l'égout de ceinture entre deux murailles, et tapissa son lit d'un épais radier formé de deux assises de pierre de taille. En 1750, les riverains, incommodés par l'intolérable odeur de cet immonde cours d'eau, obtinrent l'autorisation de le couvrir d'une voûte. Ils restèrent chargés à perpétuité de l'entretien de cette voûte, mais ils obtinrent l'autorisation de construire dessus. Aujourd'hui, l'égout de ceinture est encore dans des propriétés particulières, sur une longueur de 2,400 mètres environ, entre la rue de l'Arcade et la Seine.

On ne tarda pas à reconnaître que cet égout, large d'une toise seulement, était insuffisant, et qu'à la moindre averse il débordait de la manière la plus désastreuse, faisant sauter les trappes de regards, envahissant les boutiques, etc. Dès 1830, lorsque la construction des égouts commença à prendre un grand développement, les ingénieurs dirigèrent la pente de la plupart de ces galeries, non plus vers l'égout de ceinture, mais vers la Seine. Il en résulta un inconvénient non moins grave : deux fois par jour, au moment de l'ouverture des bornes-fontaines, l'eau de la Seine se colorait en noir, et les machines de Chaillot et du Gros-Caillou n'aspiraient plus qu'un liquide fétide et dégoûtant. Vers 1851, lorsqu'on construisit la rue de Rivoli, on y établit un nouveau collecteur qui recueillait les eaux des égouts et les déversait en Seine à l'aval du pont de la Concorde. On espérait que ces eaux resteraient contiguës à la rive et que l'eau des machines de Chaillot en serait débarrassée.

Mais il n'en fut pas ainsi. On reconnut : 1° que le radier de l'égout de Rivoli était à un niveau trop élevé, et qu'il recevrait difficilement toutes les eaux de la rive droite; 2° qu'il était trop étroit et abolument insuffisant.

En 1856, M. Belgrand, en prenant la direction du service, étudia et fit adopter le projet du réseau des égouts collecteurs aujourd'hui construits. Ce réseau est composé des lignes suivantes :

Collecteurs généraux. — On donna ce nom aux deux égouts qui reçoivent les eaux des parties de la Ville situées à droite et à gauche de la Seine.

Collecteur général de la rive droite. — Il suit la ligne des quais depuis le bassin de l'Arsenal jusqu'à la place de la Concorde, traverse cette place, longe la rue Royale, le boulevard Malesherbes, passe sous le contre-fort de Monceau en souterrain, par la rue Malesherbes et la route d'Asnières, et débouche en Seine à l'aval des ponts d'Asnières.

En adoptant ce tracé, on a gagné toute la pente du fleuve dans le long trajet qu'il fait en doublant le cap du bois de Boulogne et, en outre, la différence de hauteur des crues, soit en tout 2^m^,40.

La longueur de ce premier collecteur général est de 9,162 mètres.

Collecteur général de la rive gauche. — Il part du boulevard de l'Hôpital, suit le boulevard Saint-Marcel, les rues Geoffroy-Saint-Hilaire, Linné, des Écoles, les boulevards Saint-Germain et Saint-Michel, la ligne des quais jusqu'au pont de l'Alma, passe en siphon sous la Seine et en souterrain sous l'avenue Joséphine, la place de l'Étoile, l'avenue de Wagram, la rue de Courcelles, la place Péreire, suit, hors de Paris, les rues du village Levallois, de Villiers, et se décharge dans le collecteur de la rive droite un peu avant son débouché en Seine. Sa longueur est de 10,304 mètres.

On reconnut l'absolue nécessité d'arrêter les eaux des coteaux de la rive droite par deux égouts collecteurs. Ces eaux, descendant avec une vitesse torrentielle, inondaient à chaque averse les quartiers bas du Temple, des faubourgs Poissonnière, Saint-Martin, Saint-Denis, Montmartre, de la chaussée d'Antin et du faubourg Saint-Honoré. Ce collecteur part des fortifications près de l'avenue Daumesnil, suit le fond de la petite vallée de Fécamp jusqu'au fond de la Grande-Pinte, puis les rues de Charenton, de Beccaria, Saint-Bernard, de la Folie-Méricourt, les boulevards Voltaire, Richard-Lenoir, passe sous le canal Saint-Martin, puis sous les rues de la Douane, du Château-d'Eau, des Petites-Écuries, Richer, du faubourg Montmartre, des rues Saint-Lazare, Abbatucci, et débouche dans le collecteur général. Sa longueur est considérable et dépasse 10 kilomètres.

La seconde ligne des coteaux contourne, par les boulevards extérieurs, les buttes Chaumont et Montmartre, et forme ainsi deux égouts séparés qui se réunissent à la porte de la Chapelle et débouchent en Seine à Saint-Denis. La partie construite de cet égout a une longueur de 10,290 mètres.

La partie plate de Paris est si étendue sur la rive droite, qu'il devint indispensable de construire un tronçon de collecteur entre la crête que forment les boulevards intérieurs et la butte des Moulins. Cet égout, depuis la place des Victoires, suit la rue Neuve-des-Petits-Champs, des Capucines, le boulevard de ce nom, et débouche dans le collecteur général, place de la Madeleine.

Sur la rive gauche, on prend les eaux des coteaux de Montrouge par le collecteur des avenues Duquesne et Bosquet.

Pour compléter le réseau, il reste à construire les collecteurs des quais situés en amont du pont d'Austerlitz et en aval du pont de l'Alma, deux kilomètres de longueur environ du collecteur de Montmartre, et enfin l'égout qui fera disparaître la Bièvre.

Appareils servant au curage des égouts. — On a exposé à Vienne les modèles et les dessins d'un wagon à bascule, d'un wagon-vanne, d'un bateau-vanne.

Le *wagon à bascule* n'est qu'un tombereau ordinaire qui sert au curage des égouts collecteurs dans lesquels l'eau manque. Les matières qu'il transporte sont déchargées soit dans des bateaux construits *ad hoc*, qui voyagent sur la Seine, soit dans la cunette des collecteurs mieux fournis d'eau.

Le *wagon-vanne* sert à curer les collecteurs du second ordre. Deux rails espacés de $1^{m}.20$ sont fixés sur les angles de la cunette de l'égout et portent le wagon. Une vanne ayant, à quelques centimètres près, le même profil que la cunette, est ajustée au wagon, et, au moyen d'un engrenage, peut être abaissée jusqu'au fond de cette cunette. Lorsqu'elle est ainsi placée, l'eau s'accumule en arrière et sort avec violence par deux trous qui y sont ménagés, et chasse les sables et les matières plus légères, qui ne tardent pas à former un banc dont la longueur atteint parfois 100 mètres et plus. Ce banc est incessamment affouillé en amont; les sables s'élèvent en tourbillons au-dessus, et forment vers l'aval un long plan incliné sur lequel ils glissent. On déplace ainsi des blocs assez volumineux de meulière et d'autres matériaux solides.

La masse voyage donc à la manière des dunes, et le wagon, poussé par l'eau, reste toujours collé en amont contre la masse de détritus qu'il affouille. Les matières parcourent ainsi jusqu'à 10 kilomètres (collecteur des coteaux), et finissent par tomber dans un égout collecteur à bateau. A l'arrière du wagon, la cunette de l'égout est toujours parfaitement propre.

Le *bateau-vanne* sert à nettoyer les deux collecteurs généraux. La cunette du collecteur général de la rive droite a 2^{m},20 de largeur entre le boulevard de Sébastopol et la place de la Concorde; 3 mètres entre la place de la Concorde et le collecteur des coteaux, et 3^{m},50 jusqu'à la Seine. La largeur de la cunette du collecteur général de la rive gauche, le collecteur de la Bièvre, est uniformément de 2^{m},20.

La vanne est adaptée à l'avant du bateau et s'ajuste, à 3 centimètres près, dans la cunette, exactement comme celle du wagon-vanne; seulement les bancs qui voyagent en avant sont beaucoup plus considérables.

Appareils divers. — Les autres appareils qui servent au curage des égouts ordinaires sont des rabots et des balais analogues à ceux employés dans les autres villes. On organise un système de wagonnets qui servira au curage des égouts ordinaires et simplifiera beaucoup le travail des égoutiers. L'appareil fonctionne déjà avec plein succès dans l'égout du boulevard Bourdon.

Les matières chargées dans les wagonnets voyagent par convois sur de petits chemins de fer établis dans les égouts ordinaires jusqu'au collecteur général dans lequel on les décharge.

Siphon de l'Alma. — Le collecteur général de la rive gauche ne pouvait être maintenu sur cette rive du fleuve jusqu'à l'aval de Paris, sans salir l'eau de la Seine de la manière la plus fâcheuse dans la riche banlieue que traverse le fleuve, dans le long repli qu'il forme après être sorti de la ville : Sèvres, Saint-Cloud, le bois de Boulogne, Neuilly, etc. Pour tirer un parti quelconque des eaux d'égout et purifier le fleuve, il fallait nécessairement amener en un seul point toutes les déjections de la grande ville.

Il fut donc décidé que les eaux de la Bièvre et des égouts de la rive gauche seraient dérivées sur la rive droite en passant sous la Seine. C'est dans ce but qu'a été construit le siphon de l'Alma. Ce siphon est composé d'un double tube en tôle de 2 centimètres d'épaisseur, qui passe sous la Seine, en tête du pont de l'Alma, noyé dans un massif de béton.

Le diamètre intérieur des tubes est de 1 mètre.

La longueur de la conduite forcée se décompose ainsi :

PARTIE CONSTRUITE EN MAÇONNERIE DE CIMENT.	
Rive gauche	11m,74
Rive droite	2 ,10
Partie métallique entre les deux	155 ,76
LONGUEUR TOTALE	169m,63

Voici les précautions qu'on a prises pour arriver à un succès complet.

1° On a reconnu, par des expériences faites préalablement, que toute aspérité dans l'intérieur des tubes pouvait arrêter un corps lourd et déterminer une obstruction. Les feuilles de tôle sont donc assemblées, non pas à recouvrement sous les rivets, comme c'est l'usage, mais au moyen de couvre-joints extérieurs. L'intérieur des tubes est donc complétement lisse, et un pavé ou tout autre corps lourd qui y voyage ne peut s'arrêter contre une aspérité.

2° L'entrée de la conduite est :

A l'altitude de	26m,00
A l'aval, elle est à	25 ,50
La charge du siphon est donc de	0m,50

Mais, pour le nettoyer, on s'est réservé une différence de niveau de 2m,10 entre les banquettes d'amont et d'aval des deux collecteurs. Au moyen d'une vanne placée en amont, on obtient une grande accumulation d'eau, et on produit des chasses puissantes qui, en général, suffisent pour maintenir les tubes en bon état de propreté.

3° Cependant ces chasses n'ont pas paru donner une sécurité suffisante, et l'expérience a prouvé que cette crainte était fondée.

Vérification de l'état de propreté des tubes au moyen d'une boule. — On fait passer successivement dans chaque tube, deux fois par semaine, le mardi et le samedi, une boule en bois ayant 85 centimètres de diamètre, c'est-à-dire 15 centimètres de moins que les siphons.

Cette boule, étant plus légère que l'eau, roule sur la génératrice supérieure du tube, de telle sorte qu'il reste en dessous un vide de 15 centimètres. Si le tube est propre, la boule passe à très-peu près avec la vitesse de l'eau et effectue son voyage souterrain en 2 minutes et demie ou 3 minutes. Mais, s'il existe un commencement d'obstruction, elle se bute contre cet obstacle, l'eau s'échappe avec violence par-dessous et chasse en avant les corps solides accumulés en aval: la boule avance en les suivant, et le banc qui se forme ainsi marche jusqu'à ce qu'il atteigne l'extrémité du siphon. C'est un travail entièrement analogue à celui du bateau-vanne et du wagon-vanne.

Un commencement d'obstruction a été constaté en décembre 1868: après une forte pluie qui avait jeté beaucoup de matières dans le siphon, la boule y fut introduite. Son voyage dura 11 minutes, et, lorsqu'elle parut en aval, elle poussait devant elle un énorme monceau de fumier, de boue et de gravier.

Un autre jour, elle resta un quart d'heure dans le siphon, et elle en fit sortir plusieurs peaux de bœufs, provenant sans doute des tanneries de la Bièvre.

Il se forme donc de temps à autre des commencements d'obstruction qui deviendraient fort graves et pourraient suspendre l'écoulement, si l'on n'avait le secours de la boule.

Le siphon de l'Alma a été mis en service le 12 novembre 1868. Depuis cette époque, il fonctionne avec une entière régularité et sans interruption.

Il a été représenté à l'Exposition de Vienne par des modèles et des dessins détaillés.

Assainissement de la Seine et utilisation des eaux d'égouts pour l'agriculture. — Depuis que les égouts collecteurs sont construits, la Seine conserve sa belle couleur glauque dans la traversée de Paris et dans le long circuit qu'elle fait autour de Billancourt, Sèvres, Saint-Cloud, le bois de Boulogne, Neuilly, jusqu'au pont d'Asnières: cette riche banlieue est à très-peu près délivrée des eaux d'égout.

Mais à l'aval du débouché du collecteur général, au-dessous d'Asnières, le lit du fleuve présente, au moins sur la rive droite, le spectacle le plus affligeant.

L'eau, entièrement noire, dépose, sur près d'un kilomètre, des bancs de boue qui se renouvellent incessamment, malgré des dragages continuels.

D'immenses bulles de gaz s'échappent de ces matières en fermentation et viennent crever à la surface de l'eau.

L'accumulation des eaux d'égout en un seul point a donné le moyen de purifier le fleuve. Une vaste plaine de gravier et de sable, d'environ 2.000 hectares de superficie, est renfermée dans un des replis de la rive gauche du fleuve. On lui donne le nom de plaine de Gennevilliers. Ces graviers presque stériles, et d'une perméabilité indéfinie, sont éminemment propres au genre d'irrigation qu'on se propose d'entreprendre. Des essais sont faits aujourd'hui sur une grande échelle, et utilisent déjà un cinquième de l'eau débitée par les collecteurs généraux.

Le système adopté consiste :

1° À dériver, par le simple effet de la gravité, sur la plaine de Gennevilliers, les eaux du collecteur des quartiers hauts, qui sort de Paris par la porte de la Chapelle.

Ce travail est terminé, et toutes les eaux des XVIIIe, XIXe et XXe arrondissements arriveront prochainement sur la plaine de Gennevilliers, dès que le pont de Saint-Ouen, sur lequel les deux conduites doivent passer, sera reconstruit.

2° À élever les eaux du collecteur général d'Asnières à 11 mètres environ, pour les faire passer sur le pont de Clichy. Ce travail sera fait par six machines à vapeur de 150 chevaux chacune.

On évalue à environ 100 millions de mètres cubes le volume d'eau d'égouts qui pourra alors être répandu sur la plaine. Une seule des machines fonctionne aujourd'hui.

3° À conduire les eaux ainsi élevées sur les terrains arrosables au moyen de conduites forcées en maçonnerie.

4° À livrer les eaux aux cultivateurs pour en faire l'emploi.

5° À clarifier, au moyen de sulfate d'alumine, les eaux qui ne seront pas utilisées par l'agriculture.

Jusqu'ici on a livré les eaux d'égouts aux cultivateurs sans aucune rétribution. Le nombre d'hectares arrosés est de 100 environ; mais ce nombre s'accroît rapidement au fur et à mesure que les rigoles s'allongent, et cela se conçoit facilement. Ces terres, presque stériles, qui rapportaient à peine les frais de culture, se couvrent, par l'action des eaux d'égout, des produits les plus riches et les plus variés.

C'est surtout la culture maraîchère qui se développe : les asperges, les artichauts, les légumes de toutes sortes, les fleurs les plus délicates, les arbres fruitiers, les plantes destinées à la parfumerie, la menthe, l'absinthe, donnent les produits les plus abondants et les plus remarquables. Tel hectare de terre qui ne valait pas la peine d'être cultivé rend aujourd'hui, en produits bruts, de 2,000 à 10,000 francs, et pour des cultures plus généreuses, mais plus restreintes, beaucoup plus de 10,000 francs.

L'organisation des travaux de la plaine de Gennevilliers a été exposée à Vienne par quatre grands dessins détaillés.

Des analyses d'eau d'égout ont été faites à l'École des ponts et chaussées et ont donné les résultats ci-après :

MATIÈRES CONTENUES EN MOYENNE DANS UN MÈTRE CUBE D'EAU D'ÉGOUT.

(Moyenne de l'année.)

Matières organiques, volatiles ou combustibles.	Azote	0k,043	0k,733
	Autres matières	0 ,690	
Acide phosphorique			0 ,017
Alcalis	Potasse	0k,035	0 ,106
	Soude	0 ,071	
Alcalis terreux	Chaux	0k,403	0 ,424
	Magnésie	0 ,021	
Résidus insolubles dans les acides			0 ,652
Alumine et produits non dosés			0 ,395
TOTAL			2k,327

Les matières en suspension dans l'eau se décomposent ainsi :

Matières organiques	Azote	0k,019	0k,327
	Autres matières	0 ,308	
Matières minérales			0 ,842
TOTAL			1k,169

Les matières en dissolution sont les suivantes :

Matières organiques	Azote	0k,024	0k,406
	Autres matières	0 ,382	
Matières minérales			0 ,752
TOTAL			1k,158

Quant aux eaux de la Seine à l'aval de l'égout collecteur qui débouche à Asnières, il a été constaté qu'un mètre cube contenait les quantités suivantes d'azote :

Pont d'Asnières en amont du débouché du collecteur général.	0k,0015
Au débouché de ce collecteur, contre la rive droite	0 ,0295
A 250 mètres en aval	0 ,0030

A 5,375 mètres en aval	0^k,0020
Au débouché du collecteur de Saint-Denis (rive droite)	0 ,0980
Au débouché du canal de Saint-Denis, un peu en aval (rive droite)	0 ,0030
Au débouché du Croult (rive droite)	0 ,0070
A 625 mètres du débouché du collecteur de Saint-Denis	0 ,0040
A 3,250 mètres (rive droite)	0 ,0030
Devant Épinay, contre la rive gauche	0 ,0015

On voit que, dans leur état actuel, les eaux de la Seine s'éclaircissent rapidement à mesure qu'on s'éloigne des bouches des égouts collecteurs, et qu'à Épinay, contre la rive gauche, elles ne sont pas plus chargées de matières organiques qu'en amont du collecteur d'Asnières.

Les divers travaux, qui ont figuré dans l'exposition de la Ville de Paris, ont été projetés et exécutés, savoir :

En ce qui concerne les promenades et les voies publiques, sous la direction de M. Alphand, inspecteur général des ponts et chaussées et directeur des travaux de Paris, ayant sous ses ordres MM. Vaissière, de Fontanges, Darul, Buffet et Bellom, ingénieurs en chef, et MM. Grégoire et Allard, ingénieurs ordinaires des ponts et chaussées :

En ce qui concerne les services des eaux et des égouts, sous la direction de M. Belgrand, inspecteur général des ponts et chaussées, ayant sous ses ordres MM. Roussel et Buffet, ingénieurs en chef, et MM. Gardier, Grégoire, Nouton, Huet, Bernard, Foulard, Allard, Lesguilla, de Labry, Humblot, Couche, Rousseau, Loche, Vallée.

Les travaux de la plaine de Gennevilliers forment un service spécial placé sous la direction de M. Belgrand, et confié à MM. Mille, inspecteur général, et Durand-Claye (Alfred), ingénieur ordinaire des ponts et chaussées.

EXPOSITIONS PARTICULIÈRES.

Parmi les expositions faites en dehors de celles du Ministère des travaux publics et de la Ville de Paris, les grands ouvrages métalliques exécutés par les principales Sociétés françaises avaient une importance exceptionnelle pour l'art des constructions et pour l'honneur de cette branche de notre industrie nationale. Nous ne pouvons que mentionner et esquisser sommairement ces divers ouvrages.

Société des Batignolles (M. Ernest Gouin, directeur). — Cette Société a exposé un modèle parfaitement exécuté d'une arche du pont de l'île Marguerite, en construction sur le Danube, à Pesth.

Ce pont, destiné à relier les villes de Pesth et de Bude, qui constituent ensemble la capitale de la Hongrie, touche à la pointe d'aval de l'île Marguerite, renommée par son établissement thermal et plus encore par ses ravissantes promenades. Il se compose de six arches métalliques, dont trois sur chaque bras du fleuve. Sur la pile centrale correspondant à la pointe de l'île, l'axe du pont est brisé suivant un angle de 155° 5', afin que chaque branche soit dirigée normalement au quai auquel elle aboutit.

La longueur du pont entre les nus des culées de Pesth et de Bude est de 531 mètres.

La pile centrale a une épaisseur moyenne de 18^{m},90 au niveau des naissances des arcs; les quatre autres piles ont 6 mètres d'épaisseur au même niveau.

Les piles et les culées sont fondées sur l'argile compacte, à des profondeurs de 8 à 10 mètres sous l'étiage; ces fondations s'exécutent à l'air comprimé.

Les arches sont formées d'arcs en tôle dont les ouvertures sont croissantes; à partir de chaque culée jusqu'à la pile centrale, le dessus du pont présente deux pentes de 14 millièmes vers chaque rive. Les cordes et les flèches des intrados sont :

Pour les arches n°s 1 et 6	73^{m},501	5^{m},134
Pour les arches n°s 2 et 5	82 ,666	6 ,480
Pour les arches n°s 3 et 4	87 ,882	7 ,371

Le surbaissement des arcs varie ainsi entre $\frac{1}{14}$ et $\frac{1}{12}$. Il a été déterminé de manière que la poussée horizontale soit la même pour toutes les arches.

Les naissances des arcs sur les piles sont toutes placées à 10^{m},115 au-dessus de l'étiage. Aux culées, les naissances des arcs qui s'y appuient sont à 9^{m},483 au-dessus du même niveau. La hauteur libre entre l'étiage et le sommet des intrados varie entre 14^{m},933 et 17^{m},486. La hauteur des arcs à la clef est, suivant la grandeur des arches, de 85, 90 et 95 centimètres. Aux naissances, ils ont tous 1^{m},50 de hauteur inclinée. Ces arcs ont la forme de tuyaux à section rectangulaire, et sont reliés à des longerons supérieurs par des tympans composés de montants verticaux et de croix de Saint-André.

Les fermes constituées par les arcs, les tympans et les longerons, sont au nombre de six par arche, et espacées à 2^{m},65 d'axe en axe.

Les sections transversales des arcs et des autres parties de la charpente métallique ont été déterminées de manière que la compression ou la tension maximum n'excède pas $7^k,50$ par millimètre carré, sous une charge d'épreuve de 400 kilogrammes par mètre carré. L'épreuve sera, en outre, faite par le passage de plusieurs voitures à deux essieux distants de $3^m,80$, chargées à raison de 11.760 kilogrammes par essieu.

La voie charretière a $11^m,05$ de largeur, et est bordée de deux trottoirs de $2^m,65$, en sorte que la largeur entre garde-corps est de $16^m,75$. Les trottoirs sont supportés en partie par des consoles saillantes d'environ $1^m,50$.

La voie du pont est entièrement en bois. La chaussée pour voitures repose sur des tôles-boucliers qui couvrent les intervalles entre les fermes. Elle est formée d'une couche de béton ayant de 8 à 10 centimètres d'épaisseur au-dessus des longerons des fermes. Cette couche de béton est recouverte d'un plancher en sapin de 3 centimètres d'épaisseur, sur lequel sont posés des pavés, également en sapin, de 15 centimètres d'épaisseur, jointoyés en bitume. Cette chaussée n'a ainsi qu'une épaisseur totale de 26 à 28 centimètres. Les trottoirs sont formés de madriers transversaux en chêne de 8 centimètres d'épaisseur. Bien qu'on prévoie une circulation très-active sur le pont, le pavage en bois est considéré comme devant être d'un très-bon usage, d'après l'expérience faite sur le beau pont suspendu qui relie les villes de Pesth et de Bude, ainsi que sur l'une des rues les plus fréquentées de la ville.

La construction du pont de l'île Marguerite a été mise au concours par le Gouvernement hongrois, et c'est le projet de la Société des Batignolles, rédigé par M. Fouquet, son ingénieur en chef, qui a obtenu la préférence. La Société s'est chargée de l'exécution de tous les travaux, fondations comprises, moyennant un prix à forfait de 4,200,000 florins autrichiens, payables moitié en or et moitié en papier. Le change du papier étant moyennement de 10 p. 0/0, cette dépense équivaut à environ 9,975,000 francs en or. Ce chiffre, où les arches métalliques et le tablier sont comptés pour environ 4,400,000 francs, ne comprend d'ailleurs pas les frais des sculptures et des fontes d'ornementation.

A la fin du mois d'août 1873, les fondations touchaient à leur fin. Le pont doit être livré à la circulation le 31 décembre 1874.

Cette œuvre grandiose, si elle avait été terminée au moment de l'Exposition, eût mérité d'être placée au premier rang de tous les ponts et viaducs qui ont figuré à cette Exposition. Elle présente un caractère monumental par ses belles proportions, et témoigne d'autant de hardiesse dans la conception du projet que d'habileté dans l'exécution.

Il n'y a du reste aucune crainte à avoir pour la stabilité de ces grandes arches, malgré leur surbaissement. A cet égard, il suffit d'en comparer les dispositions avec celles, d'une légèreté excessive, du pont d'Arcole, à Paris, où les arcs ont une corde de 80 mètres, une flèche de 6m,12 (un peu moins du $\frac{1}{13}$) et seulement 38 centimètres de hauteur à la clef.

Société du Creuzot (M. Schneider, directeur). — Cette Société a exposé les dessins de quelques-uns des grands ponts en fer qu'elle a construits et dont voici la désignation :

Viaduc de Fribourg, sur le chemin de fer de Lausanne à Berne, exécuté en 1859. — C'est le premier viaduc dont on a construit les piles métalliques en faisant descendre les pièces dont elle se composent du tablier même, qu'on poussait en avant au fur et à mesure de l'achèvement d'une pile jusqu'à l'aplomb de la pile suivante. Ce procédé a reçu, depuis lors, de nombreuses applications, notamment à plusieurs viaducs exécutés par la compagnie d'Orléans, comme, par exemple, au viaduc de la Bouble, que nous avons décrit plus haut.

Pont tournant de Brest, construit en 1860. — Pont à deux volées, présentant une ouverture de 105m,60 entre les piles.

Pont sur El-Cinca (Espagne), 1866. — Arche en arc de cercle, ayant une corde de 68 mètres et une flèche de 7m,585.

Pont sur la Chiffa, en Algérie (1868). — Cinq arches en arcs de cercle, ayant 47m,15 de corde et 4m,85 de flèche.

Pont de Stadlau, près de Vienne, sur le Danube, pour le chemin de fer de Vienne à Pesth. — Ce pont a été exécuté en 1869 et 1870, pour le compte de la compagnie I. R. P. des chemins de fer de l'État. Il se compose de cinq travées égales de 79m,67 et de dix travées d'inondation de 36m,29, ces ouvertures étant mesurées entre les axes des piles. Sa longueur totale, entre la culée droite du grand pont et la culée gauche du pont d'inondation, est de 758m,70. Il est à deux voies de fer, et, en outre, un trottoir de 1m,20 de largeur pour piétons est établi en encorbellement à l'extérieur, sur l'un des côtés du grand pont. Dans celui-ci, le tablier est fixé aux longerons inférieurs de deux grandes poutres latérales, à hauteur constante. Dans les travées d'inondation, les poutres sont inférieures au tablier et au nombre de quatre. Dans les deux ponts, les poutres sont d'ailleurs continues entre les culées.

Les poutres du grand pont ont 5^{m},59 de hauteur et sont contreventées de distance en distance par des traverses supérieures. Les longerons supérieur et inférieur sont reliés par des montants de 6 en 6 mètres (en nombre rond) et par un treillis à mailles d'environ 1 mètre de côté. Ces poutres reposent sur les piles par l'intermédiaire de chariots de friction. Elles ont été mises en place par le procédé du lancement. Les rails sont posés directement sur les longrines en fer, sans l'intermédiaire de longrines en bois.

Le pont de Stadlau est décrit en détail dans les *Annales de construction* d'Oppermann, 1869.

Les travaux de fondation et de maçonnerie ont été exécutés par M. Castor. Toutes les piles et culées ont été fondées à l'air comprimé jusqu'à l'argile compacte, à des profondeurs qui ont atteint jusqu'à 12 mètres sous l'étiage.

Le poids du métal employé au grand pont, qui a 394^{m},53 entre les culées, est de 2,140,000 kilogrammes.

Pour l'ensemble des deux ponts, le poids du métal est de 48,900 quintaux autrichiens, soit 2,738,400 kilogrammes, et la dépense totale s'est élevée :

Pour la construction des piles et culées, à........	1,027,000	florins.
Pour la structure métallique, à...............	1,039,000	
Pour le platelage en chêne, à...............	34,000	
TOTAL....................	2,100,000	florins.

Soit 5,250,000 francs.

Pont-route sur le nouveau lit du Danube devant Vienne. — Ce pont est établi sur le prolongement de l'allée de l'École de natation, et est exécuté pour le compte du Gouvernement autrichien. Il se compose d'un grand pont de quatre travées de 83^{m},75 d'ouverture entre les axes des piles, traversant le lit proprement dit du fleuve, de quatre arches en maçonnerie de 18 mètres d'ouverture, établies sur le terre-plein du quai de la rive droite, et de seize arches d'inondation de 23 mètres d'ouverture, également en maçonnerie, sur la rive gauche. Les travaux de fondation et de maçonnerie ayant été exécutés par MM. Klein, Schmoll et Gartner, de Vienne, nous n'avons à nous occuper ici que de la superstructure métallique du grand pont, seul travail dont la Société du Creuzot a été chargée. Elle consiste notamment en deux poutres continues, à treillis ordinaires, exactement dans le système appliqué au pont de Stadlau. Le tablier comprend une voie charretière de 7^{m}.60 de largeur et deux trottoirs de 1^{m},90 établis en encorbellement à l'extérieur des poutres.

Ce pont était en construction au moment de l'Exposition. Le poids du métal à employer aux quatre grandes travées était évalué à 2,400,000 kilogrammes.

Tous les ouvrages exposés par la Société du Creuzot présentent des dispositions simples et rationnelles, sont exécutés avec le plus grand soin, et font également honneur à ses administrateurs et à M. Mathieu, son ingénieur en chef.

Société de Fives-Lille. — Cette Société a exposé les dessins et les photographies des ponts qu'elle a construits en Égypte, en Italie et en Autriche. Parmi ces ouvrages, on remarquait notamment deux ponts qui venaient d'être exécutés sur le canal du Danube à Vienne, le pont d'Augarten et le pont de Kaiser Joseph II, ainsi qu'un grand pont pour chemin de fer, sur le Danube, à Tulln, à 33 kilomètres en amont de Vienne.

Un concours avait été ouvert par la ville de Vienne pour les deux nouveaux ponts du canal du Danube, et ce sont les projets de la Compagnie de Fives-Lille, dressés par son ingénieur en chef, M. Moreau, qui ont été adoptés.

Pont d'Augarten. — Ce pont, construit en 1873, est formé d'une seule travée de 58 mètres d'ouverture. Chaque culée est surmontée de deux colonnes en granit, entre lesquelles passe la voie charretière et auxquelles s'arrêtent les deux fermes métalliques qui portent le tablier. Chaque ferme comprend un fort longeron inférieur et un longeron horizontal supérieur, élevé à 8 mètres au-dessus du premier. Le longeron inférieur est suspendu aux extrémités du longeron supérieur par deux couples de tirants disposés de manière que les tirants de chaque couple se joignent sur le longeron inférieur en un point placé à partir de l'une des culées, à un quart de la longueur du tablier pour l'un des couples, et aux trois quarts de cette longueur pour l'autre couple. Les tirants les plus longs se croisent ainsi au-dessus du milieu du tablier. C'est à ces tirants, qui sont légèrement courbes, que le tablier est suspendu. Les tirants courts sont rectilignes, ne portent aucun poids et sont destinés à équilibrer les tensions des tirants à leurs points d'attache au longeron inférieur. Quant au longeron supérieur, il équilibre, par sa compression, la tension des tirants courbes à leurs points d'attache aux extrémités de ce même longeron. Celui-ci est d'ailleurs supporté, entre les colonnes des culées, par des colonnettes en fonte et de petits arcs très-surbaissés.

D'après le programme imposé au constructeur, il a dû s'attacher à donner à l'édifice un aspect monumental, et, en effet, toutes les parties en sont richement décorées: mais, si on écarte cette considération, le système de la charpente métallique nous paraît fort contestable au point de vue technique.

Pont Kaiser Joseph. — Ce pont, qu'on appelle aussi le pont de l'Abattoir, a été construit en 1872. Il a la même ouverture que le précédent et rentre dans le système général des *bowstrings*.

La charpente métallique se compose de deux poutres placées de chaque côté de la voie charretière. Dans chaque poutre, l'arc parabolique supérieur est assemblé, à ses deux extrémités, à un fort longeron inférieur, auquel les traverses du tablier sont fixées. L'arc et le longeron sont reliés, dans la partie centrale de la poutre, par une grande croix de Saint-André, et, dans chaque partie extrême, par un tirant partant du pied de l'une des branches de cette croix de Saint-André et dirigé parallèlement à l'autre branche. En outre, une série de montants verticaux correspondant aux traverses du tablier complètent la rigidité de la poutre. Pour la disposition de ses pièces principales, cette poutre est pareille à celles du pont de Chepstow (pays de Galles), que Brunel fils a construit sur la Wie, à son embouchure dans la Savern, avec une portée de 93 mètres [1]. C'est, sans doute, en vue d'un plus bel effet que le constructeur du pont Kaiser Joseph a adopté ce système de poutre. En tout cas, le mode ordinaire de liaison entre les deux longerons, au moyen de treillis quelconques, nous paraît plus rationnel, en ce qu'il se prête mieux à une égale répartition du travail du fer.

Dans les deux ponts que nous venons de décrire, les trottoirs sont établis en encorbellement, extérieurement aux grandes poutres. Cette séparation des trottoirs d'avec la voie charretière procure une économie notable dans la dépense de construction du tablier. Elle existe sur la plupart des ponts du canal du Danube, à Vienne, et la circulation n'en est pas gênée, parce que les piétons allant dans le même sens sont habitués à prendre toujours le même trottoir [2].

Dans les deux ponts, la chaussée est en pavés de bois de sapin jointoyés en bitume. Ce pavage est porté par un plancher en madriers avec l'interposition d'une mince couche de sable fin ou de sciure de bois.

Quant aux trottoirs, ils sont formés d'un simple platelage en bois.

L'emploi des pavés en bois, avec joints de bitume, est assez répandu

[1] *Cours de mécanique* de M. Édouard Collignon, tome Ier, page 356.

[2] Cette disposition des trottoirs est même appliquée à des ponts de très-grande longueur, comme, par exemple, au pont Thabor et à celui de l'École de natation, sur la régularisation du Danube devant Vienne. (Voir la section autrichienne.)

en Autriche et en Hongrie, comme il l'est également en Amérique[1]. L'expérience paraît favorable à ce système de chaussée qui présente, en tout cas, pour les ponts métalliques, l'avantage de la légèreté.

Pont de Tulln. — Ce pont, qui sert à la fois au passage de deux voies du chemin de fer François-Joseph et d'une route, se compose en réalité de deux ponts juxtaposés, mais indépendants l'un de l'autre quant à la structure métallique. Dans chacun cette structure est formée de deux poutres continues en treillis croisé ordinaire, portant la voie par leurs longerons inférieurs et contreventées transversalement par le haut. Les travées sont au nombre de cinq; celles latérales ont 85^m,40 d'ouverture; les trois autres en ont 90 mètres.

Les fondations des piles qui sont communes aux deux ponts ont été faites à l'air comprimé, et ont nécessité l'emploi de grands caissons de 125 mètres carrés de surface, qui présentaient une disposition particulière pour la sortie des déblais.

Dans le pont-route, la voie charretière est formée de longrines et de madriers en bois, et les deux trottoirs, placés en dedans des grandes poutres métalliques, sont également en bois. Les pièces de pont sont en tôle et à treillis.

Dans le pont du chemin de fer, les pièces de pont ou traverses sont en tôle pleine. Dans l'entre-voie et latéralement aux rails extérieurs, le plancher est encore formé de longrines et de madriers en bois, et c'est seulement entre les rails que le plancher est en tôle. On préviendra sans doute les chances d'incendie en recouvrant les platelages en bois d'une petite couche de sable.

Les grandes poutres ont été mises en place par le procédé du lancement au mois de septembre 1873.

Viaduc de l'Iglawa. — La Compagnie de Fives-Lille a encore exposé les dessins du viaduc par lequel le chemin de fer de Vienne à Brünn traverse la vallée de l'Iglawa, en Moravie, près d'Eibenschutz. Elle a exécuté ce viaduc sous la direction de M. Charles de Ruppert, directeur de la construction dans la Compagnie I. R. P. du chemin de fer de l'État. Il est à une voie et se compose de six travées de 59^m,40 d'ouverture. Le tablier est porté par deux poutres continues, en treillis croisé à mailles de 1^m,50 de côté, placées au-dessous de la voie, qui reposent, dans l'intervalle des culées, sur des piles métalliques présentant à leur sommet une surface

[1] *Rapport de mission* de M. Malézieux, p. 442.

rectangulaire de $3^m,30$ dans le sens longitudinal et de $5^m,25$ dans le sens transversal, et ayant $27^m,40$ de hauteur entre leur socle en maçonnerie et le dessous des poutres. Le niveau des rails dépasse ce même socle de 33 mètres, et l'élévation du viaduc au-dessus des basses eaux de l'Iglawa est de $42^m,72$.

Ce viaduc est construit dans le même système que ceux exécutés antérieurement par la Compagnie de Fives-Lille. en France, dans le réseau de la Compagnie d'Orléans, d'après les projets de M. Nordling. Ses dispositions rappellent notamment celles du viaduc de la Bouble, dont il est rendu compte dans l'exposition du Ministère des travaux publics.

De même qu'à ce dernier viaduc, chaque pile métallique est composée seulement de quatre colonnes en fonte de 50 centimètres de diamètre contreventées par des traverses et des croix de Saint-André. Mais, tandis que M. Nordling faisait porter chaque poutre sur un seul axe central, entre les colonnes correspondantes, on a employé ici des roulots de friction placés au-dessus de ces colonnes. Cette disposition a assurément quelques avantages: mais elle n'assure pas aussi bien l'égale répartition des charges entre les colonnes, ce qui était d'une grande importance au viaduc de la Bouble, où les piles métalliques ont jusqu'à $55^m,80$ de hauteur, c'est-à-dire plus que le double des piles du viaduc de l'Iglawa.

Les dispositions de ce beau viaduc sont très-bien entendues. Elles peuvent toutefois soulever une objection, en ce que les travées attenantes aux culées ont la même portée que les travées intermédiaires, alors que les meilleures conditions d'équilibre conduisent à donner aux premières des parties notablement inférieures.

Outre les ponts que nous venons de décrire, la Compagnie de Fives-Lille a exécuté la structure métallique du pont de Borgo-di-Forte, sur le Pô. dont nous parlerons en traitant de la section italienne.

Entreprise de la régularisation du Danube devant Vienne.— Après les grands ponts exposés par les Sociétés de construction françaises, nous devons citer l'exposition faite par MM. Castor, Hersent et Couvreux, des dessins photographiques et descriptions de l'outillage qu'ils ont appliqué aux entreprises considérables dont ils ont été chargés.

Ils exécutent en ce moment les travaux de la régularisation du Danube devant Vienne, sur lesquels nous reviendrons en rendant compte de la section autrichienne.

Cette entreprise, pour laquelle ils ont présenté une soumission de beaucoup plus avantageuse que les autres concurrents, consiste à ouvrir au fleuve, sur 13 kilomètres de longueur, un nouveau lit capable d'écouler toutes ses eaux, à l'exception de celles que débite le bras appelé *canal du Danube,* qui traverse la ville de Vienne. Ce lit, qui a 285 mètres de largeur pour les eaux ordinaires, et 800 mètres pour les plus grandes crues, est préparé immédiatement avec son profil définitif, avec des berges perreyées ou des murs de quai, sans qu'on ait recours à l'action des eaux pour une partie du travail de creusement. Il y avait donc à organiser de vastes chantiers de terrassements et de dragages, pour extraire et transporter à de grandes distances une masse de gravier de 14 millions de mètres cubes, pour l'employer en remblai, de manière à réaliser le profil transversal prescrit, et pour former, sur les nouvelles rives, des terre-pleins réguliers. Tous ces déblais, au-dessus ou au-dessous de l'eau, s'exécutent par des dragues puissantes et par des excavateurs du système précédemment appliqué au canal de l'isthme de Suez par M. Couvreux. Les opérations de chargement et de transport s'effectuent par des machines élévatoires et par des locomotives. Toute l'organisation des chantiers est ainsi basée sur un emploi judicieux et économique de la machine à vapeur, et a été rendue indépendante, autant que possible, des variations et des exigences de la main-d'œuvre.

Nous ne pouvons entrer ici dans les détails de cette organisation, ni décrire l'immense matériel mis en action, lequel comprend notamment 8 dragues, 4 excavateurs, 18 locomotives, 14 remorqueurs ou toueurs sur chaînes, etc., avec un ensemble de machines à vapeur qui présentent une force de 2,111 chevaux de 75 kilogrammètres. Nous devons toutefois faire connaître une nouvelle manière d'élever et de charger les matières draguées.

On connaît depuis longtemps les élévateurs qui prennent de grandes caisses pleines de graviers placées dans un bateau, les montent et les déposent sur les wagons. A ce procédé, qui est aussi appliqué dans l'entreprise dont nous nous occupons, M. Hersent a imaginé de substituer le suivant. Les graviers sont versés par les dragues dans des bateaux, qui sont ensuite amenés successivement devant une drague fixe, installée contre la rive, et c'est cette drague qui reprend le gravier dans les premiers bateaux et le verse directement dans les wagons. M. Castor, dont l'expérience dans ces sortes de travaux faisait autorité, nous a assuré que le nouveau procédé procurait une économie considérable comparativement aux élévateurs ordinaires.

Parmi les divers engins qui sont employés, on peut encore citer comme nouvelle une machine à casser le caillou pour le béton. Elle se compose d'un volant armé de palettes tournant dans un tambour en tôle et mis en mouvement par une locomobile de la force de 5 à 6 chevaux. Cette machine, très-simple, produit de 10 à 15 mètres cubes de pierres cassées par heure.

Outre les travaux relatifs à l'ouverture du nouveau lit du Danube, MM. Castor, Hersent et Couvreux ont été chargés d'exécuter les maçonneries de l'écluse du grand bateau-porte destiné à barrer en hiver le canal du Danube. Les culées ont été fondées à l'air comprimé, au moyen de caissons qui présentaient une surface de 160 mètres carrés. Il est juste de rappeler que ce mode de fondation, devenu très-usuel aujourd'hui, a été appliqué pour la première fois, en 1859, au pont de Kehl, sur le Rhin, et mis à exécution par M. Castor, sous la direction de M. Fleur-Saint-Denis, ingénieur des ponts et chaussées, qui en est l'inventeur.

Matériaux de construction et appareils divers. — Pour compléter nos indications sur les expositions particulières, nous aurions à les étendre à un certain nombre de matériaux de construction, ainsi qu'à des tuyaux et appareils pour conduites d'eau et de gaz, auxquels des récompenses ont été accordées par le Jury. Mais nous ne pouvons entrer dans autant de détails, et nous nous bornerons à citer les ciments de Boulogne et de Grenoble, la chaux du Theuil, les asphaltes de Seyssel, et un nouveau régulateur pour les gaz de M. H. Giroud. Aux appareils qu'il avait déjà exposés en 1867 et qu'il a perfectionnés, M. Giroud en a ajouté un nouveau, appelé *rhéomètre,* qui s'adapte à chaque bec de gaz et assure l'alimentation uniforme de la flamme. Ce régulateur, d'une construction très-simple, paraît susceptible d'être utilement appliqué à l'éclairage des voies publiques.

ANGLETERRE.

L'Angleterre n'a fourni au groupe des travaux publics que des appareils assez nombreux concernant l'installation intérieure des habitations, et quelques autres appartenant à l'outillage des chantiers ou à l'exploitation des chemins de fer.

Parmi ces articles d'exposition, nous mentionnerons particulièrement les suivants :

MM. Bickford, Schmith et Cie. de Tuckingmill (Cornouailles), ont exposé une riche collection de fusées explosives très-bien exécutées, à employer hors de l'eau ou dans l'eau.

MM. Siebe et Gorman, de Londres, ont exposé un scaphandre très-bien conditionné, avec lequel on peut travailler, au dire du prospectus, à des profondeurs de 90 pieds. Nous n'avons pu nous procurer aucun renseignement positif sur l'emploi, à d'aussi grandes profondeurs, de cet appareil, qui a du reste déjà figuré à l'Exposition de 1867. Il ne paraît d'ailleurs pas offrir de supériorité sur celui que M. Cabirol, de Paris, a présenté à la même Exposition[1].

MM. Heincke et Davis, de Londres, ont aussi exposé un scaphandre qu'ils disent avoir été employé à de très-grandes profondeurs, mais sans fournir de preuves à ce sujet. Ils ont, en outre, exposé une lampe électrique à usage sous-marin.

MM. Aveling et Porter, de Rochester, ont exposé deux rouleaux à vapeur pour la compression des chaussées d'empierrement, l'un du poids de 8 tonnes, l'autre du poids de 15 tonnes. Dans les deux machines, le cylindre a une largeur de 1m,85. Elles sont montées sur quatre roues, dont les jantes ont le quart de cette largeur et suivent des frayés distincts. Celles de devant contribuent à la compression sur la moitié intérieure de la largeur du cylindre, et celles de derrière, sur les deux quarts extérieurs. Ces machines pourraient, au besoin, servir de locomotives routières: mais, étant ainsi disposées à deux fins, elles remplissent moins bien chacune de leurs fonctions en particulier.

MM. Sarby et Former, de Londres, ont exposé un modèle d'aiguilles pour changements de voies ferrées, accompagnées d'un appareil de signaux de sûreté. La disposition est telle que les aiguilles fermées sont pressées contre les rails, et que le signal *voie libre* ne peut être donné avant que la manœuvre soit complétement exécutée. En outre, lorsqu'un train s'approche du changement de voie, les aiguilles ne peuvent être refermées qu'après le passage du dernier wagon.

Cet appareil ne paraît pas avoir été bien expérimenté, et il reste à savoir si, dans la pratique, on ne le trouvera pas trop compliqué et trop coûteux.

BELGIQUE.

Les travaux importants exécutés sur les chemins de fer, sur les canaux et rivières et dans les ports maritimes de la Belgique, n'ont été l'objet d'aucune exposition, et ont ainsi laissé une lacune très-regrettable dans le groupe XVIII.

Le seul ouvrage remarquable au point de vue de l'art des constructions était le grand bateau-porte exécuté par la maison Cockerill, de Serain, pour la fermeture du canal du Danube, à Vienne, que nous décrirons dans la section autrichienne, à l'occasion des travaux de régularisation du fleuve.

[1] *Rapports sur les travaux publics et constructions civiles*, p. 282.

La maison Cockerill a, en outre, exposé une machine perforatrice très-bien disposée pour le percement des petites galeries d'avancement des souterrains, et qui est actuellement employée au tunnel du Saint-Gothard.

Nous mentionnerons encore une bascule pour le pesage des wagons de chemins de fer, de MM. Rulin et Cie, de Braine-le-Comte. Elle est montée dans une cuve rectangulaire en fonte, d'une faible profondeur, et le tout forme un système invariable qui n'exige d'autre travail de fondation qu'un dé en maçonnerie à chaque angle.

Un modèle de barrière de passage à niveau a été exposé par M. Leballe, de Gilly, près Charleroi. Les deux barrières placées de chaque côté du chemin de fer sont reliées par une barre, et sont manœuvrées simultanément, sans que le garde ait à traverser les voies.

Trois modèles différents pour l'assemblage des tuyaux de conduite d'eau ont été exposés par MM. Houyet, Somsé et Galasse-Ketin, de Bruxelles. Ces assemblages sont très-solides, faciles à établir, et comportent un certain mouvement sans cesser d'être étanches.

Le reste de l'exposition de Belgique se composait d'échantillons d'ardoises de Vieil-Salm, de marbres noirs de Golzines et de types de maisons ouvrières construites en grand nombre à Liége et à Micheroux.

Parmi ces constructions, on remarquait surtout l'hôtel Louise, à Micheroux, où 200 ouvriers célibataires trouvent, au prix de 1 fr. 20 cent. par jour, la nourriture et le logement, avec tous les accessoires d'une installation qui ne laisse rien à désirer. Ce bel et utile établissement a valu à son fondateur, M. Julien d'Andrimont, un diplôme d'honneur.

HOLLANDE.

L'exposition de la Hollande ne se composait que d'un nombre d'ouvrages très-restreint; mais elle n'en était pas moins des plus remarquables, à cause de l'importance exceptionnelle des travaux. Elle comprenait, en effet, les magnifiques ponts métalliques de Kuilenbourg, de Bommel et de Mœrdyck, les grands canaux de Rotterdam et d'Amsterdam à la mer du Nord, les barrages de deux bras de l'Escaut maritime et le nouveau port de Flessingue.

Ponts de Kuilenbourg, de Bommel et de Mœrdyck. — Les poutres longitudinales de ces trois ponts sont établis dans un système qui est fort en faveur en Allemagne, et dont nous allons d'abord rappeler les dispositions [1].

[1] Ce système rentre dans celui des *bow-strings*, avec une disposition particulière du treillis. Il avait déjà figuré à l'Exposition de 1867 par son application au pont de Parnitz et au viaduc sur l'Oder près de Stettin.

M. Schwedler, à qui cette disposition du

Le longeron inférieur est horizontal et fait partie de la charpente du tablier. Le longeron supérieur est un polygone dont les angles sont placés sur une parabole tournant sa convexité vers le haut. A ses extrémités la poutre a une certaine hauteur, et forme par conséquent un *bowstring* tronqué. Les longerons sont reliés d'abord par de fort montants verticaux correspondants aux angles du polygone, et qui divisent ainsi la poutre en compartiments ou panneaux trapézoïdaux. En outre, la liaison est établie par des tirants inclinés à environ 45° et dirigés de haut en bas vers la verticale passant par le milieu de la poutre. Dans la partie centrale de celle-ci, les tirants se croisent dans un certain nombre de compartiments. Le système de treillis formé par les montants et par les tirants est tel, qu'un même montant est généralement croisé par un ou deux tirants autres que ceux qui aboutissent aux extrémités de ce montant. On peut ainsi le concevoir comme étant composé de deux ou trois systèmes simples formés d'une suite de N. Lorsque le système est double, le tirant oblique qui part du sommet du montant extrême joint le longeron inférieur au pied du troisième montant. Lorsque le système est triple, la jonction a lieu au pied du quatrième montant. Dans le premier cas, on ajoute un tirant allant du sommet du premier montant au pied du second. Dans le second cas, on ajoute, en outre, un montant allant du sommet du premier montant au pied du troisième. On combat d'ailleurs la tendance à la déformation des parties extrêmes de la poutre par des montants plus rapprochés et un treillis plus serré.

Les montants ne sont pas également espacés. Leur espacement va en diminuant du milieu de la poutre vers ses extrémités, lorsque le longeron supérieur est parabolique; mais ce longeron peut être horizontal : alors les montants sont également distants.

Le système des poutres étant expliqué, voici quelles sont les dispositions principales des trois ponts dont nous nous occupons.

Pont de Kuilenbourg. — Ce pont, construit sur le Leck, pour le chemin de fer d'Utrecht à Bois-le-Duc, se compose de sept travées d'inondation de 57 mètres, d'une travée de 80 mètres et d'une travée de 150 mètres de portée.

Le tablier, avec platelage en bois, porte une voie ferrée et deux trottoirs affleurant les rails. Les grandes poutres longitudinales sont espacées d'axe en axe, de 8^{m},73 dans les travées de 57 mètres, de 8^{m},86 dans

treillis paraît être due, a aujourd'hui le titre de conseiller intime supérieur des constructions à Berlin, et était membre du Jury du XVIIIe groupe de l'Exposition de 1873. (Voir les *Rapports sur les travaux publics et constructions civiles* de l'Exposition de 1867, page 131.)

celle de 80 mètres et de $9^{m}.36$ dans celle de 150 mètres. Ces largeurs permettront d'établir plus tard deux voies.

Les poutres de toutes les travées sont discontinues au-dessus des piles.

Celles des travées de 57 mètres et de 80 mètres ont leurs longerons supérieurs horizontaux et une hauteur de 8 mètres. Les tirants obliques rencontrent, entre leurs extrémités, un seul montant intermédiaire. Dans la partie centrale, ces tirants se croisent dans cinq compartiments sur le longeron inférieur, et dans trois compartiments sur le longeron supérieur.

Dans la grande travée de 150 mètres, les poutres ont la forme parabolique, avec 8 mètres de hauteur aux extrémités et 20 mètres au milieu. Les montants sont en tôle pleine, et leur espacement, qui va en diminuant vers les extrémités des poutres, est d'environ 4 mètres. Chaque tirant oblique s'étend sur trois compartiments, c'est-à-dire qu'il croise deux montants intermédiaires entre ses points d'attache aux longerons. Dans la partie centrale, les tirants inclinés en sens contraire se croisent dans l'étendue de dix compartiments sur le longeron inférieur et de six compartiments sur le longeron supérieur. Les tirants sont fortement rivés aux deux longerons: mais, à leur rencontre avec les montants, il n'y a pas de liaison rigide. On a allongé les trous des rivets, afin que la tension des tirants puisse se transmettre librement entre leurs extrémités.

Le contreventement supérieur dans les travées de 57 mètres et 80 mètres est constitué par des traverses en treillis fixées aux montants par de larges goussets et par des croix de Saint-André. Dans la grande travée, il y a deux séries de traverses de contreventement en treillis, la première à la hauteur constante de 8 mètres, la seconde suivant la courbure des longerons supérieurs. Dans la partie centrale du pont, la distance entre les deux traverses correspondant au même couple de montants eût été trop grande, et l'on a intercalé une troisième traverse pleine, et relié le tout par deux croix de Saint-André.

Toutes les poutres, même celles de la grande travée, s'appuient, à chaque bout, sur un axe en acier, formant charnière au-dessus d'un bouclier auquel des rouleaux de friction placés en dessous donnent le jeu nécessaire aux effets des variations de température. Ce système a un avantage incontestable, celui de répartir également les pressions sur les plaques d'appui et sur les maçonneries, et l'expérience faite au pont de Kuilenbourg prouve qu'il est susceptible d'être appliqué aux plus grandes poutres. Cependant, comme il est plus coûteux que le système ordinaire des simples rouleaux de friction, celui-ci continuera probablement d'être préféré en général. Il a également fait ses preuves, et, lorsqu'on ne donne au chariot mobile qu'une petite longueur, et qu'on place, au besoin, des coins de calage au-dessous de la plaque inférieure du chariot, on peut répartir les pressions de manière à écarter tout danger de rupture des pièces en fonte et des maçonneries. Là où les charnières sont le mieux justifiées, c'est dans le cas de piles très-élevées, soit en maçonneries, soit surtout en métal, comme au viaduc de la Bouble (section française).

Les fondations des culées et de toutes les piles sont établies sur des massifs de béton renfermés dans des enceintes en pieux et palplanches, défendues contre les affouillements par des enrochements.

Le poids total des métaux, déduction faite du tablier et des rails, de la grande travée de 150 mètres, est de 2,157 tonnes. Les poutres ayant 157 mètres de largeur, le poids par mètre courant de tablier est de 13,739 kilogrammes.

Le poids des métaux de la travée de 80 mètres est de 677 tonnes. Il revient à $\frac{654000}{85.50} = 7,645$ kilogrammes par mètre courant.

Pour chaque travée de 57 mètres, le poids total des métaux est de 291 tonnes, ce qui donne $\frac{291000}{60.50} = 4,807$ kilogrammes par mètre courant.

Les poutres principales sont entièrement en fer. Les pièces de pont, les entretoises du tablier et les contreventements supérieurs sont en acier.

Dans le calcul des sections transversales des poutres, on a admis pour le travail des fers la limite de 7 kilogrammes par millimètre carré.

Les surcharges d'épreuve ont été déterminées, par mètre courant, à raison de 6,000 kilogrammes pour la travée de 150 mètres, à raison de 7,000 kilogrammes pour la travée de 80 mètres, et à raison de 7,700 kilogrammes pour chaque travée de 57 mètres. Elles sont basées sur deux trains passant simultanément sur les deux voies et composés chacun de trois locomotives pesant 50 tonnes avec leurs tenders, et d'une suite de wagons de 15 tonnes.

Les flèches constatées par les épreuves effectuées avec ces surcharges ont été respectivement de $0^{m},034$, de $0^{m},038$ et de $0^{m},027$ dans les travées de 150 mètres, de 80 mètres et de 57 mètres.

Commencé en 1863, le pont de Kuilenbourg a été terminé en 1868.

Pont de Bommel. — Ce pont, qui fait partie, comme le précédent, du chemin de fer d'Utrecht à Bois-le-Comte, est construit sur le Whaal. Il se compose de trois grandes travées de 120 mètres d'ouverture et de huit travées d'inondation de 57 mètres.

La superstructure de cet ouvrage est établie exactement dans le même système que celle du pont de Kuilenbourg.

Dans les grandes travées, les poutres ont la forme parabolique, avec 7 mètres de hauteur aux extrémités et 13 mètres au milieu. Dans les travées d'inondation, les poutres sont à la hauteur constante de 7 mètres.

Toutes ces poutres reposent, comme celles du pont de Kuilenbourg, sur des axes en acier portés par des boucliers et des rouleaux de friction.

Les montants sont espacés d'environ 4 mètres. Les tirants obliques s'étendent sur deux compartiments, c'est-à-dire qu'entre leurs points d'attache aux longerons, chaque tirant rencontre un seul montant intermédiaire. Le croisement des tirants dans la partie centrale de la poutre a lieu dans huit compartiments sur le longeron inférieur, et dans six sur le longeron supérieur.

Le pont de Bommel est construit pour une seule voie ferrée. A côté de cette voie règnent deux trottoirs en bois, affleurant les rails; la distance entre les poutres longitudinales est de $5^m,25$ d'axe en axe.

Le poids total des métaux (non compris le tablier et les rails) de chacune des trois grandes travées est de 778 tonnes. La longueur des poutres étant de $126^m,27$, le poids par mètre courant de tablier est de 6,161 kilogrammes.

Les travaux du grand pont ont été commencés en 1865 et terminés en 1869. Les travées d'inondation entreprises plus tard ont été achevées en 1873.

L'épreuve a été faite avec une surcharge de 2,882 kilogrammes par mètre courant. La flexion des grandes poutres a été de $0^m,032$.

Pont de Mœrdyck. — Ce pont se trouve sur la ligne du chemin de fer qui conduit de Bréda à Rotterdam. Il franchit le bras de mer appelé le *Hollandsch Diep* (Golfe), par quatorze travées de 100 mètres d'ouverture; il est accompagné d'un pont tournant à deux passages de 16 mètres, séparés par une pile de $5^m,50$ d'épaisseur où se fait la rotation. Il est construit pour une voie. Les poutres sont de forme parabolique, et tout à fait semblables à celles des travées de 120 mètres du pont de Bommel, sauf quelques détails secondaires. Leur hauteur est de $6^m,20$ aux deux bouts et de $12^m,25$ au milieu. Elles reposent d'ailleurs sur des axes en acier avec boucliers et rouleaux de friction.

Le pont tournant présente des dispositions analogues à celles du pont tournant de Dordrecht, dont la portée est plus grande et dont nous parlerons tout à l'heure.

Les deux culées et dix piles du grand pont sont fondées sur des massifs de béton reposant sur des pilotis et contenus dans des enceintes de pieux jointifs. Trois piles ont été fondées à l'air comprimé, à des profondeurs de

18 à 22 mètres sous la basse mer. Ces dernières fondations ont été exécutées par la maison dirigée par M. E. Gouin, et ont donné lieu à des difficultés exceptionnelles

Toutes les fondations sont entourées de plates-formes en fascines qui s'étendent sur de très-grandes surfaces, afin de prévenir les affouillements dans un sol composé de sable vaseux. Ces plates-formes, construites à la manière usitée en Hollande, servent d'assiette aux enrochements dont les fondations sont enveloppées.

Le poids des métaux de chaque travée est d'environ 450 tonnes. Les poutres ayant 104m,40 de longueur, le poids du mètre linéaire de tablier revient à 4,320 kilogrammes. L'épreuve, à raison de 3,260 kilogrammes par mètre courant, a fait fléchir les poutres de 0m,0305.

Les dessins des trois grands ponts que nous venons de décrire sommairement ont été exposés par l'Institut royal des ingénieurs hollandais. Les ponts de Kuilenbourg et de Bommel ont été projetés et exécutés sous la direction de M. G. Van Diesen, ingénieur en chef des chemins de fer de l'État, et le pont de Mœrdyck sous celle de M. l'ingénieur en chef J. G. Van den Bergh. La structure métallique a été exécutée par la maison Harkort, de Duisbourg (Westphalie).

Ces ouvrages sont tout à fait hors ligne, d'un aspect grandiose, et appellent la plus sérieuse attention des ingénieurs. Ils ont été l'objet de plusieurs récompenses de la part du Jury de l'Exposition, et un diplôme d'honneur a notamment été décerné à M. Van Diesen.

La travée de Kuilenbourg, qui dépasse de 10 mètres la portée du pont Britannia, est la plus grande qui ait été exécutée en Europe. A sa conception hardie ont répondu une exécution parfaite et un succès complet.

Mais ces dimensions extraordinaires sont-elles bien motivées? En Hollande, où il est si difficile d'avoir des points d'appui bien résistants, on doit éviter surtout de donner aux ponts des portées supérieures à celles qui sont commandées par les besoins de la navigation ou qui correspondent au minimum de l'ensemble des dépenses des fondations et de la superstructure. Si la question avait été ainsi posée, on eût vraisemblablement été conduit à adopter des ouvertures moindres. Il semble qu'on est autorisé à le penser en remarquant que la travée de 150 mètres de Kuilenbourg n'a pas été reproduite dans les ponts de Bommel et de Mœrdyck, qui ont été construits plus tard. Nous n'entendons pas, du reste, étendre notre objection à ce dernier ouvrage, dont les fondations ont été particulièrement difficiles et coûteuses, et dont les travées de 100 mètres n'ont probablement rien d'exagéré.

En ce qui concerne la forme des poutres, les auteurs des projets nous paraissent avoir fait une distinction très-judicieuse entre les poutres rectangulaires adoptées pour les travées de 57 et de 80 mètres de portée et les poutres paraboliques appliquées aux portées plus grandes. En effet, dans les ponts à portées ordinaires, les poutres rectangulaires peuvent être disposées avec des contreventements peu coûteux et avec un poids total de fer moindre que des poutres paraboliques, tandis que, pour des portées très-grandes, les poutres de hauteur variable ont l'avantage de mieux concilier les diverses conditions de stabilité. Dans la partie centrale, où les moments fléchissants sont le plus forts, et où les montants et les tirants obliques sont le moins comprimés et tendus, on est conduit à donner une grande hauteur aux poutres. En réduisant, au contraire, cette hauteur progressivement en allant vers les extrémités, en même temps que les moments fléchissants vont en décroissant, on diminue le poids des montants et des tirants le plus fatigués, et on rend le contreventement plus économique. Enfin il est plus facile de relier d'une manière rigide les bouts du longeron supérieur avec ceux du longeron inférieur, ce qui est une condition essentielle de la roideur d'une poutre. Pour les grandes portées, et pour des poutres discontinues au-dessus des piles, la forme parabolique nous paraît donc très-bien justifiée, et elle donne lieu en définitive à la moindre dépense de métal.

La discontinuité des poutres au-dessus des piles est ici parfaitement motivée, non-seulement parce que les fondations sont susceptibles de tassement, mais aussi à cause des grandes dimensions des travées.

Quant au système du treillis, qui est composé, sauf dans la partie centrale, de montants et de pièces inclinées dans le même sens, il est rationnel pour des poutres discontinues au-dessus des points d'appui, en ce qu'il permet de calculer avec plus d'approximation les efforts des pièces du treillis. Il se prête d'ailleurs très-commodément à une bonne disposition de ces pièces dans les poutres paraboliques, qui sont les plus économiques pour les grandes portées. Ce système a fait ses preuves par les nombreuses applications qu'il a reçues en Allemagne, en Autriche et en Hollande. Mais, tout bien considéré, est-il préférable au treillis ordinaire, qui est loin d'être abandonné dans les divers pays de l'Europe, et qui est généralement d'usage en France? Le doute est encore permis. Une condition de durée d'une poutre métallique est sa roideur; à ce point de vue, le treillis ordinaire nous paraît s'opposer plus énergiquement aux déformations et aux mouvements vibratoires sous l'action de poids roulants, et cette considération est de nature à justifier au besoin une certaine augmentation de poids dans le fer à employer. Quoi qu'il en soit, la question de la comparaison des divers systèmes de poutres et de leur treillis nous paraît se recommander aux recherches théoriques et expérimentales des ingénieurs.

Indépendamment des dessins des ponts de Kuilenbourg, de Bommel et du Mœrdyck, l'Institut royal des ingénieurs hollandais a exposé une collection de dessins, de livres et de notices concernant les travaux publics de leur pays. Cette collection, qui offre un haut intérêt, ne comporte pas d'analyse sommaire.

Pont tournant de Dordrecht. — Le même Institut a exposé les dessins d'un pont tournant faisant partie du grand viaduc construit sur la vieille Meuse à Dordrecht, pour le chemin de fer de Bréda à Rotterdam.

Ce pont, qui porte deux voies ferrées, est à deux passages de $21^{m}.30$, séparés par une pile de 11 mètres d'épaisseur. La longueur totale du tablier est de $53^{m}.60$. Pendant sa rotation, le pont est équilibré sur un pivot central de 10 centimètres, qui est scellé dans la pile et qui pénètre dans la charpente du tablier, de manière que le point de suspension est plus élevé que le centre de gravité du pont. Le tablier est, en outre, supporté par plusieurs galets placés sur une circonférence de cercle et scellés dans la maçonnerie. Le mouvement de rotation est imprimé au moyen de deux crémaillères en quart de cercle fixées sur la pile. Au repos, le tablier est fortement calé à ses abouts.

Deux hommes suffisent à la manœuvre. L'ouverture se fait en quatre minutes, et la fermeture n'en demande que deux et demie.

Toutes les dispositions de ce pont tournant, notamment celles des appareils de rotation et de calage, sont très-bien combinées. Nous ne pouvons en donner une description détaillée, parce qu'elle serait inintelligible sans le secours de dessins.

Modèle de pont tournant de M. Hasselt. — M. Hasselt, ingénieur en chef des chemins de fer de l'État, à Rotterdam, a exposé le modèle d'un pont tournant, dans le système des ponts où le pivot fixé au tablier se soulève avec lui (comme dans les ponts tournants de Marseille, par exemple).

Le mécanisme de ce soulèvement est nouveau et fort ingénieux. Il serait impossible d'en donner la description sans l'aide de figures, et nous ne pouvons qu'en indiquer le principe. Le pivot s'appuie par sa base sur les extrémités des petits bras de deux leviers horizontaux, dont les grands bras portent des contre-poids mobiles.

C'est en éloignant ces contre-poids du pivot, au moyen de chaînes et d'engrenages, qu'on soulève le tablier, tandis qu'en les rapprochant on fait retomber le tablier sur ses appuis.

Ce pont est à deux passages séparés par une pile, et présente exactement les mêmes dimensions que celui de Dordrecht.

Nous ignorons si ce système de pont a été appliqué, ou si le modèle exposé par M. Hasselt représente seulement un projet. Le mécanisme du pivot mobile ne laisse pas d'être compliqué et sujet à dérangement, et nous pensons qu'en général les pivots fixes sont préférables.

Canal maritime de Rotterdam. — Cette entreprise, dont les dessins ont été exposés par M. Caland, inspecteur des travaux hydrauliques, à la Haye, a pour but d'exonérer la navigation des obstacles qu'elle rencontre sur le bras de la Meuse appelé *Nouvelle-Meuse*, entre Brielle et Rotterdam. Le bras qui porte le nom de *Scheur* est mis en libre communication avec la mer du Nord, par une large coupure ouverte à travers les dunes, sans l'intermédiaire d'aucune écluse.

D'après le projet en cours d'exécution, cette coupure, qui a environ 5 kilomètres de longueur, doit avoir la forme évasée qui convient aux rivières à marées. Elle se prolonge en mer par deux grandes jetées, qui présentent également un léger évasement. A leur point d'enracinement, ces jetées sont écartées à 900 mètres.

La coupure a été commencée, au moyen de dragages, sur une longueur de 200 mètres et avec une profondeur de 3 mètres en contre-bas de la basse mer. Puis, l'ancien lit de la Meuse ayant été barré, on laisse aux courants à faire progressivement l'élargissement et l'approfondissement qu'on veut obtenir. Ce travail abandonné à l'action des eaux se fait nécessairement d'une manière très-inégale, et les profondeurs, qui en certains points dépassent 10 mètres, sont notamment très-variables. On compte néanmoins, et en effectuant au besoin quelques dragages, pouvoir amener cette nouvelle baie de la Meuse à un état de régularité convenable, avec un chenal à peu près fixe et toujours praticable à la grande navigation.

Les jetées sont construites dans le système depuis longtemps usité en Hollande, au moyen de plates-formes de fascinages chargées d'enrochements et échouées successivement par couches superposées d'environ un mètre d'épaisseur. Ces plates-formes s'exécutent sur de très-grandes dimensions. Elles ont jusqu'à 50 mètres de longueur sur 20 mètres de largeur, soit une surface de 1,000 mètres carrés. Lorsqu'on est abrité contre les vagues, on porte cette surface jusqu'à 2,500 mètres carrés. Après l'échouage des plates-formes, on les relie ensemble et avec le sol, au moyen de pieux et de forts piquets, dont les parties supérieures font saillie afin de briser les lames. Les talus de ces massifs sont recouverts de blocs

naturels, pour lesquels on emploie concurremment les pierres calcaires de Belgique et les basaltes du Rhin.

La jetée Sud est couronnée jusqu'au niveau des hautes mers moyennes, qui ne s'élèvent qu'à $1^m,80$ au-dessus des basses mers moyennes. Le dessus de la jetée Nord a été tenu à 50 centimètres plus bas. Les pavages de couronnement présentent un bombement de 75 centimètres et ont une largeur de 8 à 9 mètres. Au niveau de la basse mer, cette largeur est d'environ 12 mètres, et au fond de la mer, à environ 5 mètres de profondeur, elle atteint une quarantaine de mètres. Aux musoirs, la longueur des jetées est beaucoup augmentée; le pavage y dépasse le niveau de la basse mer de 50 centimètres à 1 mètre seulement, et a une largeur de 30 mètres; les pieux et piquets reliant les couches de fascinages et destinés à briser les lames y sont très-rapprochés et distants d'environ 1 mètre d'axe en axe.

Les massifs des jetées sont surmontés d'estacades à claire-voie qui ont pour support les pieux dont il vient d'être parlé. Le tillac est à 3 mètres au-dessus de la basse mer moyenne. Le parapet, de 75 centimètres de hauteur, est formé par les bouts des pieux, sans que leurs têtes soient réunies par des mains courantes. Les dispositions de la charpente des estacades sont très-bien entendues.

La jetée Sud, qui est achevée. a une longueur de 1,150 mètres. Sur le musoir qui la termine s'élève un phare métallique. Celle du Nord a déjà 1,860 mètres de longueur, et elle doit encore être prolongée, afin de mieux abriter l'entrée contre les vents du nord-ouest. La profondeur d'eau contre le musoir de la jetée Sud est de 5 mètres, à mer basse, ce qui donne de $6^m,70$ à 7 mètres à mer haute. A l'extrémité de la jetée Nord, le mouillage dépassera 8 mètres au moment de la pleine mer.

Les jetées dont nous venons d'expliquer le mode de construction résistent bien à l'action de la mer, qui, dans ces parages, est loin d'avoir, comme on le sait, la même violence que sur les côtes françaises de la Manche et de l'Océan. L'ensemble de ces travaux a eu un succès très-remarquable. On pense que les courants de marée entretiendront un bon chenal à l'entrée et à l'intérieur de la baie, sans qu'il y ait à recourir à des dragages.

En ce qui concerne l'amélioration de la Meuse en amont de la coupure dont nous venons de nous occuper, elle s'obtient au moyen de dragages sur les hauts fonds, de rectifications de tournants trop brusques et de resserrements des parties trop larges. Les digues exécutées pour cette régularisation du lit ont 3 mètres en couronne; leurs talus sont inclinés à 45 degrés du côté des terres et à 2 de hauteur pour 3 de base du côté de la rivière. Ces talus sont défendus par des fascinages et des enrochements.

Les travaux extrêmement remarquables dont nous rendons compte s'exécutent d'après les projets et la direction de M. Caland, inspecteur des travaux hydrauliques, et de M. l'ingénieur Kluit, placé sous ses ordres. Le Jury de l'Exposition leur a accordé des récompenses bien méritées, et un diplôme d'honneur a notamment été décerné à M. Caland.

Canal maritime d'Amsterdam. — La Compagnie du nouveau canal maritime d'Amsterdam à la mer du Nord a exposé les dessins de cette vaste entreprise, qui est encore en cours d'exécution.

Ce canal établit une communication directe entre l'Y et la mer, à travers les dunes de la côte. Il permettra aux plus grands navires d'arriver par le plus court chemin dans le premier port commercial de la Hollande, et remédiera à l'insuffisance du mouillage qu'on trouve dans le Zuyderzée et dans le canal qui part du Helder.

Il présente une longueur de 23.700 mètres. Il est ouvert en tranchées sur 6,800 mètres du côté de la mer, et est établi, sur le reste du parcours, dans le golfe de l'Y. Son mouillage est réglé à 7 mètres.

Dans la partie en tranchée, la largeur au plafond est de 27 mètres, et les talus, inclinés à 2 de base pour 1 de hauteur, sont interrompus, à 50 centimètres en contre-bas de la ligne d'eau, par une risberme de 4 mètres de largeur, destinée à atténuer l'action du battillage de l'eau sur les berges. Celles-ci sont d'ailleurs défendues par de petits perrés ou par des planches clouées sur des piquets et par des gazonnements, ainsi que cela se pratique du reste habituellement. On voit que le profil en travers du canal a de l'analogie avec les profils du canal de l'isthme de Suez et du canal Saint-Louis en France. Dans la traversée de l'Y, qui est très-envasée, on a dragué une cunette de 27 mètres de largeur au plafond, avec talus de 1 sur 2, à la profondeur correspondant au mouillage de 7 mètres. Puis, de chaque côté, à 30 mètres de distance des bords de la cunette, on a établi des digues parallèles ayant 5 mètres de largeur en couronne et des talus de 1 sur 4.

Le canal est disposé de manière à servir au desséchement des plaines riveraines, et notamment des nouveaux polders à conquérir sur le golfe. A cet effet, le plan d'eau est tenu au niveau de la basse mer moyenne (à 50 centimètres au-dessous du zéro d'Amsterdam).

La partie du Zuyderzée où le canal débouche et le port d'Amsterdam sont séparés du reste du Zuyderzée au moyen d'une grande digue établie à l'est de la ville. De puissantes machines d'épuisement sont établies sur cette digue et dégorgent dans le Zuyderzée, de manière à maintenir le niveau réglementaire dans le canal et dans le port.

Pour la communication avec le Zuyderzée, la digue est traversée par quatre écluses juxtaposées, dont la plus petite a 10^{m},25 de largeur entre bajoyers, la plus grande 18^{m},25, et les deux autres 14^{m},25. Le plus grand sas a 96 mètres de longueur utile.

Du côté de la mer, il y a, à la distance de 1,200 mètres du rivage, trois écluses accolées, qui ont entre bajoyers des largeurs de 10^{m},41, 12^{m},41 et 18^{m},41. La longueur utile du plus grand sas est de 120 mètres.

Toutes les écluses que nous venons de mentionner sont munies de portes de flot et d'èbe. Leurs sas sont d'ailleurs divisés par moitié par des portes intermédiaires.

Les fondations sont établies sur pilotis.

Ces ouvrages sont d'une importance exceptionnelle et ont été d'une exécution difficile. Ils ne présentent cependant aucune disposition qu'il y ait à signaler particulièrement, et il serait trop long d'en indiquer les détails.

L'entrée du canal, du côté de la mer du Nord, est précédée d'un avant-port limité par des jetées insubmersibles qui s'avancent à environ 1,500 mètres en mer, jusqu'aux fonds de 8 mètres au-dessous du niveau moyen de la haute mer. Ces jetées, qui sont écartées à leurs points d'enracinement d'environ 1.000 mètres, ont des directions convergentes; à une distance de 1,200 mètres de la côte, leur écartement est encore de 660 mètres. Mais elles s'infléchissent alors symétriquement l'une vers l'autre, de manière que leurs musoirs ne sont plus distants que de 260 mètres. La ligne des musoirs, perpendiculaire à l'axe longitudinal de l'avant-port, fait un très-petit angle, vers l'est, avec la direction du méridien.

On pense que, par suite des courants qui règnent dans ces parages, l'entrée de l'avant-port ne s'ensablera pas, et que la profondeur dans l'intérieur, une fois obtenue par des dragages, pourra être entretenue par l'enlèvement des vases, comme cela se pratique dans tous les ports. Nous ignorons si ces espérances reposent sur des expériences suffisamment concluantes; mais il est à observer que les courants littoraux ont peu de vitesse, et que les transports de sables se font très-lentement le long des côtes de la Hollande, et il nous semble que, dans ces conditions, l'entrée du nouveau port pourra toujours être maintenue en bon état par des dragages.

Les jetées dont nous avons expliqué les tracés sont entièrement pleines et composées de blocs en béton régulièrement profilés et posés par assises horizontales. Elles ont ainsi la forme d'un mur dont les deux parements présentent un fruit de 1/7, et dont la largeur en couronne varie de 6m,10 à 8m,20, à mesure qu'on s'éloigne du rivage. Cette largeur comprend celle d'un parapet de 1m,20 de hauteur dont le dessus est de 3m,10 plus élevé que la haute mer moyenne, laquelle dépasse la basse mer moyenne seulement de 1m,70.

Pour établir les jetées, on a commencé par échouer sur le fond de sable une couche d'environ 2 mètres d'épaisseur d'enrochements basaltiques, auxquels on a laissé prendre leur tassement. C'est ensuite sur cette fondation qu'on a posé les blocs de béton, à partir d'une profondeur de 4 à 5 mètres à basse mer. Ce mode de construction de jetées, dont les avantages sont manifestes toutes les fois que la violence de la mer n'y fait pas obstacle, a pleinement réussi, et mérite d'être signalé à l'attention des ingénieurs. Il s'est produit quelques avaries dans le commencement, à cause du trop petit volume donné aux blocs, mais on n'en a plus éprouvé dès qu'on a employé des blocs de 5 mètres cubes. L'exécution de murs par gros blocs de béton appareillés n'est sans doute pas une innovation; mais nous ne savons si ce procédé a été étendu ailleurs à des jetées en mer, dans les conditions où l'avant-port du canal d'Amsterdam a été exécuté. On pourrait citer, peut-être, comme précédent, la grande jetée de Douvres, qui se construit dans des conditions bien autrement difficiles, et où les blocs sont posés à la cloche à plongeur et au scaphandre au prix d'énormes sacrifices d'argent.

Les dispositions du port qui précède le nouveau canal d'Amsterdam ont été arrêtées d'après un projet du savant ingénieur anglais sir John Hawkshaw.

Les travaux que nous venons de décrire sommairement présentent un intérêt de premier ordre, tant au point de vue technique qu'au point de vue économique. Aussi le Jury de l'Exposition a-t-il donné un diplôme d'honneur à la Compagnie qui a entrepris cette œuvre remarquable.

Travaux exécutés dans la province de Zélande. — M. l'ingénieur en chef Simon a exposé les dessins des travaux considérables dont il a dirigé l'exécution dans la province de Zélande.

Pour l'intelligence des explications qui vont suivre, il faut jeter les yeux sur une carte de la Hollande, et considérer les trois îles qu'embrassent les deux bras de l'Escaut appelés *Wester Schelde* (Escaut occidental) et *Oster Schelde* (Escaut oriental)[1]. Ces îles se nomment Walcheren, Sud-Beveland et Nord-Beveland. Le bras qui sépare l'île Walcheren de celle de Sud-

[1] D'après la direction générale de ces deux bras, il serait plus exact de les appeler *Escaut septentrional* et *Escaut méridional*.

Beveland s'appelle *le Sloé*. Flessingue est situé sur le bord méridional de l'île de Walcheren.

Les travaux dont il s'agit se composent : du chemin de fer de Rosendaal à Flessingue, par lequel ce port est rattaché à tout le réseau continental ; d'un nouveau port créé à Flessingue ; de deux canaux faisant communiquer les deux bras de la Meuse, l'un à travers l'île de Walcheren, l'autre à travers l'île de Sud-Beveland.

Le chemin de fer a une longueur de 74 kilomètres. Pour le construire, on a barré l'Oster Schelde non loin de son origine et le Sloé vers son milieu. Ces barrages ont été l'objet de longues conférences internationales entre la Belgique et la Hollande, au point de vue de leur influence sur le mouillage du port d'Anvers. Leur exécution a présenté des difficultés très-sérieuses, qui ont été surmontées par l'emploi des fascinages, qui sont d'un si grand secours dans un pays dépourvu de matériaux de construction naturels. Il a fallu les exécuter par des profondeurs qui ont atteint jusqu'à 10 mètres et par des courants de marée très-forts. Le premier barrage a 3,600 mètres de longueur. Il a été composé de deux massifs longitudinaux de fascinages et enrochements échoués par plates-formes, comme les jetées du canal de Rotterdam à la mer. Entre ces massifs on a formé le noyau intérieur en remblais de sable. Le barrage du Sloé a 1,000 mètres environ de longueur. Il a été construit avec un seul massif de fascinages et enrochements, contre lequel on a accolé les remblais de sable, en ayant soin d'en protéger les talus extérieurs par un revêtement en fascinages dans les parties basses et par des perrés dans les parties supérieures.

Les canaux des îles de Sud-Beveland et de Walcheren ont été construits pour maintenir la communication, par voie navigable, entre les deux bras de la Meuse, en remplacement des passages barrés de l'Oster Schelde et du Sloé.

Le premier canal a 9 kilomètres de longueur, et le second en a 13. Ils présentent un mouillage de 7 mètres, et se terminent à une écluse à chacune de leurs extrémités.

L'ancien port de Flessingue n'avait qu'un seul bassin à flot, profond de 4 hectares 30 ares de superficie. Le nouveau port comprend un bassin intérieur de 25 hectares, susceptible d'être porté à une surface double. Il a son entrée à 2 kilomètres en amont de celle de l'ancien port. Il se compose d'un avant-port bien abrité de 13 hectares, qui communique avec le nouveau bassin à flot par une grande écluse à deux sas, ayant l'un 146 mètres de longueur utile et 20 mètres de largeur, l'autre 63 mètres de longueur utile et 8 mètres de largeur. L'oscillation moyenne de la marée est ici beaucoup plus grande que dans le nord de la Hollande : elle est de $3^m,60$, au lieu de $1^m,70$.

Le nouveau bassin, à l'extrémité opposée à l'écluse d'entrée, communique avec l'ancien port et avec le canal de l'île de Walcheren, en sorte que le port de Flessingue est aujourd'hui accessible par ce canal du côté du nord et par ses deux entrées directes du côté du sud. On vient en outre d'établir, sur le bord du nouveau bassin, une vaste gare de chemin de fer.

Les travaux entrepris pour l'agrandissement du port de Flessingue et pour la facilité de ses arrivages et de ses relations avec l'intérieur de la Hollande forment un ensemble très-bien combiné et très-bien exécuté, qui appelle l'attention des ingénieurs. Ils ont été dirigés par M. l'ingénieur en chef Simon, avec le concours de MM. les ingénieurs Kesper et Brochman.

Gare maritime d'Amsterdam. — MM. Waldorp et Van Prehn ont exposé les dessins des travaux en cours d'exécution de la gare maritime d'Amsterdam.

Cette gare doit être établie sur les terrains conquis sur l'Y par suite de l'ouverture du canal d'Amsterdam à la mer. On n'en était encore qu'aux terrassements au moment de l'Exposition. Pour donner aux remblais, assis sur un terrain marécageux, une stabilité suffisante, on a creusé préalablement un réseau de fossés profonds qu'on a remplis de sable. Cette manière de contenir des terrains mouvants dans des cases séparées par des cloisons en sable a-t-elle définitivement réussi, comme on l'a assuré? L'expérience seule peut fournir la réponse à cette question. Mais, en cas d'affirmative, le procédé mérite d'être signalé.

Écluse de Kampen. — M. Swets, directeur des travaux hydrauliques, a exposé le dessin et la description d'une écluse construite à Kampen, dans laquelle chaque paire de portes busquées ordinaires est remplacée par une porte roulante munie de galets. Pour l'ouverture de l'écluse, soit du côté d'amont, soit du côté d'aval, ces portes s'enfoncent dans des chambres pratiquées dans l'un des bajoyers, et elles en sortent pour la fermeture. Ce dernier mouvement est d'ailleurs favorisé par une disposition qui permet d'utiliser la pression de l'eau.

Il ne nous paraît pas présumable que cette invention reçoive beaucoup d'applications.

Écluse avec portes en éventail. — L'école polytechnique de Delft a exposé le modèle d'une écluse fondée sur pilotis et munie de portes en éventail.

Les dispositions de ce modèle n'ont rien de particulier, si ce n'est le mode de fermeture de l'écluse. Chaque ventail busqué porte, sous un angle égal à la moitié de l'angle obtus du busc, un contre-ventail qui, étant soumis, sur l'une ou l'autre de ses faces, à la pression correspondant à la différence de niveau des deux biefs, détermine, par son mouvement, la fermeture ou l'ouverture de l'écluse.

Ce système, qui est fort ancien, est encore employé fréquemment en Hollande dans les canaux à faibles chutes et servant aux dessèchements, lorsqu'il y a utilité à pouvoir fermer les portes contre un courant. Il n'a reçu que de rares applications en France. Nous ne connaissons que celle qui est faite depuis une quarantaine d'années sur le canal de Calais, aux abords de cette ville. On peut lui reprocher d'être trop coûteux à établir et à entretenir.

AUTRICHE.

Dans la section autrichienne, les travaux publics étaient représentés de la manière la plus remarquable par plusieurs ponts métalliques très-importants, par la régularisation grandiose du Danube devant Vienne, et par d'autres ouvrages intéressants. Le beau palais qui renfermait la plupart des objets exposés pouvait d'ailleurs être considéré lui-même, avec sa vaste rotonde centrale, comme un magnifique objet d'exposition. Nous ne pourrons qu'indiquer les traits marquants des divers ouvrages que le Jury a particulièrement distingués.

Documents exposés par le Ministère I. R. du commerce. — Ce Ministère a exposé la collection des règlements relatifs à l'établissement et à l'exploitation de chemins, et divers projets, notamment celui de la ligne de Landeck à Bludenz. Ces documents sont d'un haut intérêt, mais ne comportent pas d'analyse sommaire.

Grands ponts du Danube. — Parmi les travaux exécutés dans ces derniers temps en Autriche, les ponts construits sur le Danube régularisé devant Vienne forment, indépendamment des travaux de la régularisation du fleuve que nous décrirons plus loin, un groupe d'une importance exceptionnelle.

A part le bras secondaire qui traverse Vienne et qu'on appelle *le canal du Danube,* le fleuve sera concentré dans un lit unique où les eaux ordinaires occuperont une largeur de 284^{m},50, et les hautes eaux débordées une largeur de 758^{m},67. Pendant l'exécution de cette rectification du Danube, sur une étendue d'environ 13 kilomètres, les compagnies des trois chemins de fer qui franchissent cette partie du fleuve ont entrepris la construction de nouveaux ponts, et déjà deux de ces ouvrages étaient livrés à la circulation dès le commencement de 1873. En outre, deux ponts étaient en construction, au moment de l'Exposition, pour des routes de terre. Il y a donc dans cette étendue de 13 kilomètres cinq grands ponts exécutés ou en cours d'exécution.

Leurs dispositions générales satisfont aux conditions ci-après :

Dans la traversée du lit mineur, les travées, qui sont toutes formées de poutres métalliques supérieures au tablier, ont environ 80 mètres d'ouverture, et des travées d'inondation sont établies sur tout le reste de la largeur du lit majeur. La hauteur libre entre l'étiage et le dessous des poutres est de 9 à 10 mètres. Les fondations des piles et des culées des grandes travées ont été faites à l'air comprimé, et descendues à travers le gravier jusqu'à l'argile compacte (argile bleue du terrain tertiaire), à des profondeurs qui ont atteint de 12 mètres à près de 15 mètres.

Voici la désignation des ponts, en allant de l'amont à l'aval :

1° Le pont du chemin de fer du Nord-Ouest, situé près de l'origine du canal du Danube;

2° Le pont-route du Thabor, exécuté par la Commission de la régularisation du Danube, sur les fonds de cette opération;

3° Le pont du chemin de fer du Nord, connu aussi sous le nom de pont de Florisdorf;

4° Le pont-route exécuté par l'État pour une route nationale qui passe à l'allée de l'École de natation (également appelée *allée des Chasseurs*);

5° Le pont du chemin de fer de Vienne à Pesth, de la Compagnie I. R. P. de l'État, appelé *pont de Stadlau*.

Pont du chemin de fer du Nord-Ouest. — Le grand pont se compose de quatre travées de 79^{m},80 de portée, et de quatorze travées d'inondation de 29^{m}.70 d'ouverture.

Ses fondations, exécutées à l'air comprimé, ont été descendues à des profondeurs variables, dont la plus grande a atteint environ 13 mètres au-dessous de l'étiage.

Les travaux de maçonnerie et de fondation ont été exécutés par la Société Klein, Schmoll et Gartner.

Les culées et les piles ont été construites pour deux voies; mais la superstructure métallique n'a été établie que pour une voie.

Dans le grand pont, les poutres, qui sont supérieures au tablier, ne sont pas continues. Elles sont interrompues sur la pile centrale, en sorte que chaque moitié de poutre se trouve, quant à sa flexion, sous une charge uniformément répartie, dans les conditions d'une poutre encastrée à son milieu et posée librement à ses extrémités. De cette manière, on perd un peu de l'avantage des poutres continues au point de vue de l'économie; mais on rend le calcul des efforts plus facile et plus sûr, en atténuant les incertitudes relatives aux pressions exercées sur les appuis; on limite, en outre, à deux travées la propagation des mouvements vibratoires. Pour un pont de quatre travées, on conserve d'ailleurs la possibilité de mettre les poutres en place par le procédé du lancement. Dans l'espèce, la disposition adoptée nous paraît donc très-rationnelle. Elle a, du reste, été imitée du pont de Cologne, sur le Rhin, qui est également composé de quatre travées, dont les poutres en treillis sont discontinues au-dessus de la pile centrale.

Les poutres sont à hauteur constante, et le treillis est à liens croisés à 45 degrés, les diagonales des mailles ayant une longueur égale à la moitié de la hauteur. Il n'y a pas de montants verticaux entre les plates-bandes des poutres.

Beaucoup d'ingénieurs, qui se préoccupent surtout de réduire le poids des fers, attribuent à ces montants une utilité secondaire, et il est certain que les pièces obliques suffisent à l'équilibre. En France, où l'on a également fait des poutres à treillis sans montants, on en fait usage aujourd'hui presque sans exception, et nous croyons que c'est avec raison. La roideur des poutres est notablement augmentée par l'addition de ces montants, qui maintiennent mieux l'écartement des plates-bandes, et nous ne pensons pas que la petite économie résultant de leur suppression soit motivée.

Dans le pont d'inondation, les poutres sont inférieures au tablier. Elles sont aussi interrompues de deux en deux piles. Ici les plates-bandes sont réunies par des montants verticaux et des croix de Saint-André.

La charpente métallique, construite, comme nous l'avons dit, pour une seule voie de fer, pèse, pour le grand pont, environ 930,000 kilogrammes, et pour le pont d'inondation, environ 595,000 kilogrammes.

Les travaux ont été exécutés sous la direction de M. l'ingénieur en chef Hellwag.

Pont Thabor. — Ce pont se compose de huit travées de 9^{m},50 d'ouverture traversant le quai de rive droite, de quatre grandes travées de 80^{m},30 d'ouverture sur le lit mineur, et de douze travées d'inondation de 35^{m},50 d'ouverture sur la rive gauche. Dans les petites travées de rive droite, ainsi que dans les travées d'inondation de rive gauche, les poutres sont inférieures au tablier; dans les grandes travées, elles lui sont supérieures. Toutes ces poutres sont interrompues de deux en deux travées.

Les poutres sont à hauteur constante, et sont divisées en compartiments ou panneaux par des montants verticaux dont la largeur est à peu près égale à la moitié de leur hauteur. La liaison entre les plates-bandes est complétée par des tirants obliques, dans le système que nous avons expliqué à l'occasion des ponts de la section hollandaise. Ici le point où l'inclinaison des tirants change de sens n'est plus placé au milieu de la longueur d'une travée, mais aux trois huitièmes de cette longueur, à partir des piles où les poutres sont discontinues. Nous avons déjà dit notre pensée sur ce système, et nous croyons qu'avec un treillis croisé ordinaire on aurait obtenu plus de roideur moyennant une faible augmentation du poids du fer.

La chaussée pour voitures occupe l'intervalle entre les poutres métalliques, tandis que les trottoirs sont placés sur consoles, extérieurement à ces poutres. Cette disposition est économique, et elle est acceptée même dans l'intérieur de la ville de Vienne, où les passants allant dans le même sens prennent toujours le même trottoir.

La largeur totale entre les garde-corps est de 12^{m},64.

La chaussée est formée d'un pavage en granit de 13 centimètres d'épaisseur, établi sur une couche de béton posée sur un lit de sable qui recouvre un plancher en bois. Les trottoirs ont un platelage en bois.

Les piles et les culées du grand pont ont été fondées à l'air comprimé. Les fondations des piles ont été descendues jusqu'à l'argile compacte, à des profondeurs variant de 11^{m},40 à 14^{m},60 au-dessous de l'étiage. Celles des culées ont été arrêtées dans le gravier à 8 mètres de profondeur.

Les fondations du pont d'inondation sont établies sur pilotis.

Les travaux de fondation et de maçonnerie ont été exécutés par MM. Castor, Hersent et Zscholke, moyennant une dépense de 2,487,000 francs.

La charpente métallique a été exécutée par la maison Harkort, de Duisbourg (Westphalie).

Le poids total du fer qui a été employé est de 274,000 kilogrammes pour les petites travées de rive droite, de 1,947,000 kilogrammes pour les quatre grandes travées et de 1,306,000 kilogrammes pour les travées d'inondation de la rive gauche.

Le montant total de la dépense, pour l'ensemble des travaux, est évalué à 2,500,000 florins, soit à environ 6,125,000 francs.

Ces travaux ont été projetés et sont exécutés sous la direction de M. l'ingénieur en chef Hornbostel.

Pont du chemin de fer du Nord, ou de Florisdorf. — Le grand pont comprend quatre travées de 80 mètres d'ouverture (83^{m},40 entre les axes des piles); le pont d'inondation se compose de sept travées de 58^{m},15 d'ouverture (61^{m},10 entre les axes des piles).

Les poutres métalliques, dans les deux ponts, sont du système des *bowstrings*, avec longeron supérieur parabolique et longeron inférieur horizontal.

A leurs extrémités, elles ont 1^{m},89 de hauteur. La hauteur au milieu des travées est de 11^{m},69 dans le grand pont et de 8^{m},21 dans le pont d'inondation. Ces poutres sont, bien entendu, discontinues à tous les points d'appui. Le treillis en est disposé dans le système appliqué au pont Thabor, et que nous avons expliqué en détail à l'occasion des ponts de la section hollandaise. Les poutres sont contreventées, à partir de 5^{m},05 de hauteur au-dessus des rails, par des traverses et des croix de Saint-André. Elles s'appuient, à chacune de leurs extrémités, sur un axe en acier porté par un bouclier en fonte posé lui-même sur des rouleaux.

Le chemin de fer compris entre les poutres a 8^{m},20 de largeur. Des trottoirs, avec platelage en bois, sont établis en encorbellement à l'extérieur des poutres ; ils sont à usage public, et on y accède par des escaliers accolés contre les culées. La ville de Vienne en a pris la dépense à sa charge.

Les piles et les culées du grand pont ont été fondées à l'air comprimé, par MM. Klein, Schmoll et Gartner. Celles du pont d'inondation sont fondées sur pilotis.

Le poids total des métaux de la superstructure est, pour les quatre grandes travées, de 2,070,000 kilogrammes de fer et 112,000 kilogrammes de fonte, et pour les sept travées d'inondation, de 1,988,500 kilogrammes de fer et de 130,500 kilogrammes de fonte.

La construction métallique a été faite dans les usines de Teschen, de Witkowitz et de Zœptau.

La dépense totale est évaluée à environ 5 millions de florins, soit à environ 12,500,000 francs, et se répartit à peu près également entre les travaux de fondation et de maçonnerie et ceux de la superstructure métallique.

La Compagnie du Nord a reçu un diplôme d'honneur, tant pour le pont de Florisdorf que pour les autres grands travaux qu'elle a exécutés sur son réseau, et parmi lesquels on peut citer, au point de vue monumental, la gare de Vienne.

Pont-route de l'allée de l'École de natation. — Ce pont se compose de quatre arches en maçonnerie de 18 mètres d'ouverture sur le quai de rive droite; d'un grand pont avec poutres métalliques de 83^{m},75 de portée entre les axes des piles, et d'un pont d'inondation de seize arches soulaissées en maçonnerie de 23 mètres d'ouverture.

La charpente métallique a été exécutée par la maison Schneider et Cie, du Creuzot, qui l'a comprise dans son exposition. Nous en avons fait connaître les dispositions en rendant compte des expositions prrticulières de la section française.

Les piles et les culées du grand pont ont été fondées à l'air comprimé, et celles du pont d'inondation sur pilotis.

Les arches en maçonnerie ne présentent aucune disposition nouvelle.

Tous les travaux de maçonnerie ont été exécutés par MM. Klein, Schmoll et Gartner, et sont évalués à 2 millions de florins.

Pont de Stadlau. — Ce pont a été exposé à la fois par la Société du Creuzot, qui en a construit toute la charpente métallique, et par M. Ch. de Ruppert, qui en a contrôlé l'exécution en qualité de directeur de la Compagnie I. R. P. des chemins de fer de l'État.

Nous en avons fait connaître les dispositions principales dans le compte rendu de la section française. Nous nous bornerons à rappeler qu'il se compose de cinq grandes travées de $79^m,67$ d'ouverture et de dix travées d'inondation de $36^m.29$ d'ouverture. Cces dimensions étaient mesurées entre les axes des piles.

La Compagnie des chemins de fer de l'État a aussi exposé les dessins du viaduc métallique de l'Iglowa, en Moravie, qui a été construit par la Société de Fives-Lille, et dont nous avons donné la description dans la section française. Un diplôme d'honneur a été décerné à la Compagnie des chemins de fer de l'État, pour l'ensemble des grands travaux exécutés sur son réseau.

Après la description des grands ponts de la régularisation du Danube, nous avons à citer des ponts de moindre importance qui ont été exécutés récemment à Vienne, et dont les dessins ont figuré à l'Exposition.

Nous avons déjà décrit, dans la section française, les ponts d'Augarten et Kaiser Joseph II, que la Compagnie de Fives-Lille a exécutés sur le canal du Danube. Un troisième pont construit sur le même canal est le pont Brigitte, dont les dessins ont été exposés par MM. Köstlin et Botting, de Vienne.

Pont Brigitte. Ce pont, construit en 1871, est composé d'une seule travée de $65^m,10$ d'ouverture. Le tablier est fixé au bas de deux poutres métalliques qui ont une hauteur constante sur presque toute leur longueur, mais dont le longeron supérieur s'infléchit brusquement vers les extrémités, de manière à réduire la hauteur des poutres à celle des parapets des culées. Le treillis de ces poutres est disposé dans le système que nous avons expliqué à l'occasion des ponts de la Hollande. Dans la partie rectangulaire de la poutre, les tirants inclinés embrassent deux des panneaux compris entre les montants verticaux, en sorte que le système se compose d'une double série de N. Dans les parties extrêmes, de forme trapézoïdale, il n'y a qu'une série simple de N.

La voie charretière, qui est seule placée dans l'intervalle des grandes poutres longitudinales, a 5^{m},70 de largeur. Elle se compose d'un pavage en bois posé, par l'intermédiaire d'une petite couche de sable, sur un platelage de 12 centimètres d'épaisseur supporté par des longrines également en bois. Les trottoirs avec platelage en bois ont 1^{m},90 de largeur chacun, et sont établis en encorbellement à l'extérieur des poutres métalliques.

Pont de Tegetthoff. — MM. Köstlin et Botting ont aussi exposé les dessins de cet élégant petit pont, qui est construit, à Vienne, sur la petite rivière qui porte le même nom. C'est une arche métallique de 35 mètres d'ouverture. Le tablier est supporté par six arcs tubulaires ayant 5^{m},45 de flèche. Chaque arc, à section circulaire, est formé de quatre quarts de tubes rivés ensemble sur des nervures saillantes en dehors, et chaque quart de tube est partagé en trois segments dans le sens de la longueur. Les arcs s'appuient sur les plaques de coussinets par un axe en forme de charnière. Les tympans sont en N.

La chaussée, de 11^{m},40 de largeur, est en pavés de granit posés sur un lit de pierre cassée, le tout reposant sur des tôles ondulées de 6 millimètres d'épaisseur. Les trottoirs ont un platelage en bois et 1^{m},90 de largeur chacun.

Ce petit pont est bien ornementé de moulures, et a notamment des garde-corps à riches arabesques dorées. Abstraction faite de ces détails, la structure est simple et d'un bon effet.

Projet de pont de M. Ch. de Ruppert. — Pour compléter nos indications relatives aux grands ponts de la section autrichienne, nous devons mentionner un projet de pont pour chemin de fer exposé par M. Charles de Ruppert, directeur de la construction de la Compagnie I. R. P. des chemins de fer de l'État.

Ce projet a été dressé pour la traversée du Danube, à Stadlau, pour le chemin de fer de Vienne à Pesth; mais il n'a pas été mis à exécution. Il comprenait trois travées d'inondation sur chaque rive, dont les poutres, supérieures au tablier et interrompues au-dessus des piles, étaient en treillis ordinaire, et cinq grandes travées disposées suivant le système qui est propre à M. de Ruppert. C'est une extension du genre *bowstrings*, auquel M. Pauli, directeur des travaux publics de Bavière, a attaché son nom, et qui a été appliqué notamment au pont de Mayence sur le Rhin[1]. Au lieu de faire joindre les deux arcs à courbures opposées au-dessus des piles, M. de Ruppert les dispose de manière à les faire croiser, dans l'intervalle des piles, au point d'inflexion de la fibre neutre, sous l'action des charges permanentes. Dans chaque travée de rive, les deux arcs se joignent, bien entendu, sur la culée correspondante.

M. de Ruppert avait déjà présenté son système à l'Exposition de Paris, en 1867, par une application qu'il proposait d'en faire pour la traversée du Bosphore[2]. Il s'agissait de trois travées de 162m,75, 205m,70 et 162m,75 d'ouverture, dont les piles métalliques se seraient élevées à 38 mètres au-dessus de la mer et auraient été fondées à des profondeurs de 32 et de 40 mètres. Il avait en même temps exposé le projet d'une travée de 253 mètres d'ouverture au-dessus d'un ravin profond des Balcans. A l'appui de ces deux projets, non suivis d'exécution, il a publié un mémoire en 1867. (Éditeur C. J. Bartelmus à Vienne.)

D'après ce mémoire, dont les calculs comporteraient quelques observations sous le rapport de la rigueur théorique, l'auteur ne se proposait pas seulement de donner à son système les avantages des poutres continues quant à l'économie du métal; mais il voulait encore augmenter cette économie en faisant contribuer à la rigidité du système la résistance à la flexion des piles métalliques auxquelles les arcs étaient invariablement fixés. Les constructeurs auraient probablement trouvé téméraire de soumettre les piles à de pareils efforts, et M. de Ruppert semble y avoir renoncé lui-même; car, dans le nouveau projet qu'il a exposé en 1873, les poutres reposent sur les piles aussi bien que sur les culées, par l'intermédiaire de rouleaux de friction, en sorte qu'elles n'exercent aucun effort horizontal sur leurs points d'appui.

Aux points de croisement des arcs, les poutres sont renforcées par des goussets, à cause des surcharges qui amènent le déplacement des points d'inflexion de la fibre neutre. Mais il laisse le croisement apparent. «La poutre proposée présente, dit-il, un ensemble de lignes agréables, des contours légers et élégants pour les pièces principales. La beauté de cet aspect ne se trouverait pas peu compromise, si l'on voulait supprimer et dérober à l'œil les prolongements des deux nervures supérieures et inférieures au point d'intersection. C'est une raison d'esthétique des plus importantes, qui milite en faveur du maintien du croisement réel et visible de l'arc et du tendeur.»

Nous n'avons pas à juger le système sous le rapport du goût. Nous

[1] *Cours de mécanique* de M. Ed. Collignon, page 358.

[2] *Rapports sur les travaux publics et les constructions civiles*, page 145.

trouvons, toutefois, qu'il présente un caractère plus original que réellement beau, et que la forme des poutres n'apparaît pas comme la conséquence nécessaire des conditions d'établissement. Au point de vue de l'exécution, si l'on veut que la poutre soit continue, la poutre à hauteur constante est assurément plus simple. Elle n'a d'autre inconvénient que d'augmenter un peu le poids des treillis et des contreventements; mais il n'est pas démontré que, tout bien considéré, elle ne soit en définitive plus économique. Ce qui autorise à mettre en doute les avantages pratiques du système de M. de Ruppert, c'est le petit nombre de ses applications. Dans l'examen de ce système par le Jury du groupe XVIII, on en a cité une seule, celle faite à un pont sur le Mein à Hasfurt [1]. Il est encore à noter que le projet de M. de Ruppert pour la traversée du Danube, à Stadlau, n'a pas été adopté par la Compagnie I. R. P. des chemins de fer de l'État, qui a traité avec la Société du Creuzot pour un pont à treillis ordinaire, comme nous l'avons dit plus haut. Cependant on ne peut méconnaître que, lorsqu'on adopte le système général des *bowstrings*, qui a de très-nombreux partisans, il y a quelque chose de plausible dans l'idée de partager, dans chaque travée, la poutre en trois parties, dont la partie centrale serait, dans l'équilibre des charges permanentes, comme posée librement sur les extrémités des deux parties adjacentes, qui seraient comme encastrées sur les piles, puisqu'aux points de jonction les moments fléchissants seraient nuls. Dans cet ordre d'idées, on pourrait même admettre des articulations à ces points de jonction, ce qui aurait l'avantage de rendre plus sûr le calcul des efforts. En résumé, le système de M. de Ruppert, malgré les objections qu'il peut soulever, nous paraît devoir appeler l'attention des ingénieurs.

Rotonde du Palais de l'Exposition. — Le palais principal de l'Exposition appelé Palais de l'Industrie et celui des Beaux-Arts étaient deux beaux édifices, d'un style correct et élégant, soigneusement étudiés dans tous leurs détails, et d'un aspect grandiose, qui ont fait le plus grand honneur à M. l'architecte en chef Hasenauer, vice-président du groupe XVIII.

Nous n'avons pas à les apprécier ici au point de vue architectonique; mais nous devons signaler, comme construction d'une importance exceptionnelle, la rotonde centrale du Palais de l'Industrie, laquelle présente un sujet d'étude des plus intéressants.

Elle se compose d'une grande galerie circulaire de 101 mètres de diamètre, couverte par une toiture ayant la forme d'une pyramide tronquée

[1] Dans le rapport de M. Baude sur les travaux publics et les constructions civiles de l'Exposition de 1867, page 145, le pont de Leeds est mentionné comme ayant été exécuté antérieurement aux projets de M. de Ruppert.

à 30 pans, surmontée d'une grande lanterne entourée d'une galerie extérieure et couronnée elle-même par une petite lanterne.

La charpente de cette toiture est entièrement en fer et repose sur des colonnes du même métal qui sont dissimulées dans les piliers des arcades en maçonnerie. La poussée des arbalétriers est équilibrée par plusieurs chaînes de ceinture horizontales, sans le secours d'aucun tirant intérieur. C'est le système qui a été appliqué, sur une bien moindre échelle, à la vérité, à des rotondes de locomotives à Tours et à Montrouge (Paris), par la Compagnie du chemin de fer d'Orléans. (Voir le compte rendu de la section française.)

Le projet de cette charpente a été dressé par l'ingénieur anglais, M. Scott Russel, et exécuté par la maison Harkort, déjà nommée, sous la direction de M. Von Engerth, directeur général adjoint de la Compagnie I. R. P. des chemins de fer de l'État et président du Jury du groupe XIII (Machines et matériel des chemins de fer), et de M. l'ingénieur Henry Schmidt.

M. Scott Russel avait estimé que le poids total de fer à employer ne dépasserait pas 44,000 quintaux (2,464,000 kilogrammes), et la maison Harcort s'était chargée du travail au prix de 9 florins 75 (argent) par quintal de 100 livres (56 kilogrammes). Mais l'évaluation des poids a été jugée trop faible, et, à cause de la hausse du prix des fers, on est convenu de payer le poids excédant 44,000 quintaux, à raison de 11 florins 25 par quintal.

Le poids total des fers, porté d'après le projet rectifié à 64,200 quintaux, s'est élevé en exécution à 75,500 quintaux (4,238,000 kilogrammes).

La dépense s'est élevée, avec les peintures, à 784,320 florins (argent) (1,960,800 francs), non compris 22,000 florins pour peinture et 65,000 florins pour galeries, escaliers, drapeaux, etc. Le prix a ainsi été, en moyenne, de 10 florins 39 par quintal, ou de 0f,464 par kilogramme, peinture non comprise.

Le poids total se décompose comme il suit :

Colonnes et arcs qui les relient	24,460 quint.
Arbalétriers	13,200
Chaîne circulaire inférieure	7,300
Chaîne circulaire supérieure et plateau de la grande lanterne	4,150
Quatre chaînes intermédiaires	4,750
Couverture	17,940
Grande lanterne	3,300
Petite lanterne	400
TOTAL	75,500 quint.

8

En projetant cette grande construction, qui dépassait de beaucoup les travaux qui avaient été exécutés antérieurement dans le même système, on a dû prudemment s'imposer des garanties de solidité surabondantes, et le caractère monumental à lui donner a aussi dû entraîner un surcroît de poids notable. Nous ne pensons donc pas qu'on doive émettre une critique quelconque au sujet des dimensions des diverses parties de cette charpente si hardie. Mais, maintenant que l'expérience a consacré le succès de l'opération, il est permis de croire que, s'il s'agissait à nouveau de couvrir un cercle de 101 mètres de diamètre, dans le même système, mais sans aucune condition de luxe, on le ferait moyennant une dépense bien moindre. Si l'on compare, par exemple, les 51.040 quintaux ou 2.858.240 kilogrammes qui ont été employés à la rotonde de Vienne (sans compter le poids de 24,460 quintaux des colonnes) aux 116,987 kilogrammes de métal qui ont été employés à la rotonde de la gare de Montrouge, à Paris[1], dont le diamètre est de 45 mètres, on trouve que le rapport des poids est de 24,43. Or il semble que ce rapport pourrait ne pas dépasser de beaucoup celui des cubes des diamètres, lequel est égal à $\left(\frac{101^3}{453}\right) = 11,43$.

Après les grands ouvrages que nous venons de passer en revue, la section autrichienne comprenait beaucoup d'objets d'une moindre importance, parmi lesquels nous mentionnerons les suivants avant de nous occuper des travaux hydrauliques.

Pont tournant de Trieste. — L'administration I. R. des travaux maritimes de Trieste a exposé le modèle d'un pont tournant en fer, d'un système particulier, qui a été projeté et exécuté, en 1857, par M. de Mauser, ingénieur constructeur.

Ce pont, établi à Trieste, sur le grand canal, est à une volée, et franchit une largeur de $9^m,45$ mesurée au couronnement des culées. La longueur totale du tablier est de $17^m,16$, dont $12^m.50$ pour la volée et $4^m,66$ pour la culasse. La largeur de la voie charretière est de $3^m,75$, et la largeur totale entre garde-corps est de $5^m,58$.

Au repos, le tablier s'appuie par ses deux abouts sur les culées, et prend en outre un appui intermédiaire près du bord de l'encuvement. En mouvement, il est équilibré sur un pivot dont la disposition est ce qui caractérise particulièrement le système. Ce pivot, qui a 40 centimètres de diamètre, a une tête plate sur laquelle le tablier porte par un emboîtement

[1] Voir la description de cette rotonde dans le compte rendu de la section française. (Exposition du Ministère des travaux publics.)

de peu de profondeur. Le tablier est d'ailleurs contre-buté par le bord supérieur d'un tronc de cône dont la base est fixée au châssis qui porte l'appareil moteur et qui est scellé dans la maçonnerie. La partie inférieure du pivot est filetée sur 35 centimètres de hauteur et enchâssée dans un écrou qui s'engage, à frottement doux, par un rebord inférieur, dans une rainure circulaire faisant corps avec le châssis fixe. Enfin cet écrou est actionné, au moyen d'engrenages, par un cabestan placé à côté de l'encuvement.

Voici maintenant comment s'effectue la manœuvre du pont : Pour l'ouvrir, on produit la rotation de l'écrou dans le sens voulu. Le premier effet est de faire monter le pivot et de soulever le tablier; mais, dès que celui-ci devient libre, il tourne avec le pivot et l'écrou, le frottement à vaincre à la base de l'écrou exigeant un moindre effort que le soulèvement du pivot et du tablier. La fermeture du pont se fait ensuite par un mouvement de l'écrou en sens contraire.

Le poids total du métal employé dans ce pont (fer et fonte, y compris un contre-poids en fonte de 21,609 kilogrammes) est de 48,708 kilogrammes, et la dépense d'établissement (sans compter les maçonneries) s'est élevée à environ 70,000 francs.

Le pont est en service depuis 1857, sans avoir donné lieu à aucune réparation importante.

Le système inventé par M. de Mauser est assurément fort ingénieux et a été très-habilement exécuté. Cependant nous ne pensons pas qu'il trouve beaucoup d'applications. La disposition généralement adoptée en France, et consistant à équilibrer le tablier sur son pivot solidement scellé dans la culée, et à le rendre fixe ou mobile au moyen d'appareils de calage ordinaires (verrins ou excentriques), est plus simple et bien moins sujet à dérangement. Lorsqu'on voit, par exemple, avec quelle facilité et avec quelle rapidité les ponts tournants du bassin de la Citadelle au Havre, dont les dimensions sont plus que doubles (largeur franchie : 16 mètres : longueur totale du tablier : 35^{m},17 ; largeur entre garde-corps : 6^{m}.94) de celles du pont de Trieste, sont ouverts et fermés par quatre hommes qui poussent l'extrémité de la culasse sans le secours ni de treuils ni d'engrenages, on ne peut s'empêcher de trouver trop compliqué le mécanisme de M. de Mauser.

Plan incliné du Léopoldsberg. — La Société de construction *l'Union*, ayant son siége à Vienne, a exposé le modèle du plan incliné de la montagne de Léopoldsberg, à proximité de cette capitale.

Ce plan incliné rachète une hauteur de 242 mètres, avec une déclivité moyenne de 34 centièmes. Les deux voies ferrées dont il se compose sont posées sur une solide charpente. Sur chaque voie circule un wagon pouvant contenir 100 voyageurs (60 dans cinq compartiments et 40 sur l'impériale). Chacun de ces wagons est attaché à un câble en fil d'acier, de 5 centimètres de grosseur, qui s'enroule ou se déroule sur un tambour vertical de $6^{m},90$ de diamètre. Ces deux tambours sont mis en mouvement par une machine à vapeur, et, pendant que l'un des wagons monte sur une voie, l'autre descend sur l'autre, ainsi que cela a lieu sur tous les plans inclinés de cette nature.

Pour prévenir les accidents qui seraient amenés par la rupture du câble remorqueur, on a adopté une disposition particulière. Les deux wagons sont attachés à un troisième câble qui passe sur un tambour horizontal de 6 mètres de diamètre placé au sommet du plan incliné. Ce câble supplémentaire a la même force que les câbles moteurs et en est entièrement indépendant.

En cas de rupture de l'un de ces derniers, les wagons seraient retenus par le câble de secours, et ne pourraient prendre un mouvement rapide. Il est cependant à observer que ce câble, ayant à supporter brusquement le poids du wagon, serait exposé à se rompre lui-même, et, en admettant qu'il résistât, le wagon le plus lourd descendrait par un mouvement accéléré. Un frein qui est appliqué au tambour horizontale pourrait, à la vérité, empêcher cette accélération; mais il faudrait être certain de pouvoir le faire fonctionner à temps. Ce moyen de sécurité nous paraît donc très-imparfait, et nous préférons l'emploi de freins énergiques adaptés aux wagons.

Nous avons encore remarqué que le profil en long du plan incliné n'est pas établi rationnellement, en ce qu'il présente plusieurs déclivités différentes.

En résumé, le plan incliné du Léopoldsberg ne nous semble pas devoir être considéré comme réalisant un perfectionnement sur ceux établis antérieurement, et notamment sur celui de Bude, dont nous parlerons plus loin.

Modèles divers exposés par la Compagnie I. R. P. des chemins de fer du Nord-Ouest. — Cette compagnie a exposé, indépendamment du grand pont sur le Danube que nous avons décrit plus haut, des modèles de divers éléments du matériel fixe des chemins de fer : plaques tournantes, croisements de voies, signaux, appareils télégraphiques, etc. Dans cette exposition très-intéressante, nous n'avons rien trouvé à signaler d'une manière particulière.

Chemin de fer à voie étroite de Reschitza. — La Compagnie I. R. P. des chemins de fer de l'État a exposé, indépendamment des travaux que nous avons mentionnés plus haut, les dessins et la description du chemin de fer industriel dont la plate-forme n'a que 2 mètres de largeur, et la voie 95 centimètres.

Ce chemin, avec un embranchement qui s'y relie, a une longueur d'environ 29 kilomètres. Il est établi sur une route ordinaire et présente des courbes de 28^{m},40 seulement de rayons et des déclivités de 12 à 48 millièmes. Les rails pèsent 17 kilogrammes par mètre courant. Ils ont 7 mètres de longueur et sont posés sur des traverses en chêne de 1^{m},60 de longueur, de 11 centimètres sur 14 d'équarrissage, et qui sont espacées de 63 centimètres. L'exploitation est faite par des locomotives-tenders à deux roues couplées pesant à charge 11.600 kilogrammes. Les wagons pèsent à vide de 1,200 à 1,750 kilogrammes, et peuvent porter un chargement de 3,000 à 3,500 kilogrammes. D'après les renseignements qui nous ont été donnés, une locomotive remorquerait dix wagons sur les rampes de 0.020 à 0,048. Elle traînerait jusqu'à vingt wagons sur les autres parties, où la vitesse atteindrait 33 kilomètres à l'heure. Lorsque les rails sont humides et boueux, on y jette d'ailleurs un peu de sable. Les frais d'établissement reviennent à 17,700 francs par kilomètre, et, en comprenant le matériel roulant, la dépense s'est élevée à 19.650 francs par kilomètre. Cette entreprise a très-bien réussi.

Exposition de la Compagnie I. R. P. du Nord. — Cette compagnie a exposé dans le groupe XIII (Machines et matériel des chemins de fer) une collection des divers objets de son matériel, des documents statistiques et un compte rendu très-intéressant des expériences faites de 1855 à 1871 sur l'usure des rails de différents profils et dans les diverses conditions d'établissement de la voie, des déclivités, des courbes, du poids des trains.

Ces expériences, dont nous ne sommes pas en mesure d'analyser les résultats, ont été entreprises et dirigées par M. F. Stockert, inspecteur central.

Appareil pour fondations à l'air comprimé de MM. Klein-Schmoll et Gartner. — Ces entrepreneurs, qui ont exécuté les fondations de plusieurs grands ponts, notamment de ceux par lesquels les chemins de fer du Nord-Ouest et du Nord traversent le lit régularisé du Danube devant Vienne, ont exposé un nouvel appareil pour fondations à l'air comprimé. Cet appareil, dont il serait impossible de donner la description sans figures, est disposé d'une manière ingénieuse; mais le mécanisme en est un peu compliqué et sujet à se déranger. L'expérience seule pourra faire connaître s'il présente des avantages sérieux sur les appareils plus simples qui sont en usage.

Outillage pour déblais dans le rocher. — MM. Mahler et Eichenbach, de Vienne, ont exposé un outillage complet pour l'exécution de déblais dans le rocher, soit en souterrain, soit à ciel ouvert. Cette collection était très-intéressante; elle ne contenait néanmoins aucune machine qui puisse être considérée comme une invention.

Appareil à courber les rails. — Cet appareil, exposé par M. Schrabetz, de Vienne, est très-simple, bien combiné, et paraît susceptible de recevoir d'utiles applications.

Appareil électrique pour disques manœuvrés à distance. — Cet appareil, exposé par M. Langie, de Pragues, paraît présenter quelque avantage. Il se distingue en ce que le mouvement de rotation du disque se fait toujours dans le même sens; toute interruption du courant est marquée par le retour au zéro d'une aiguille disposée à cet effet.

Exposition de M. Korösi, constructeur de ponts métalliques à Gratz (Styrie). — Cette exposition comprend des dessins et des vues photographiques de divers ponts exécutés dans son atelier, notamment ceux d'un pont avec poutres en treillis de 104 mètres de portée, par lequel le chemin de fer d'Alföld (Hongrie) traverse la Theiss.

Ce pont a été établi d'après les projets de M. l'ingénieur Herz, de Vienne, et a aussi figuré dans la section hongroise. Il ne présente aucune disposition qui mérite une mention particulière.

Travaux hydrauliques. — Nous abordons maintenant les travaux hydrauliques, qui avaient une importance prédominante dans la section autrichienne, à cause de l'entreprise colossale qui est en cours d'exécution devant Vienne, et dont nous allons nous occuper d'abord.

Régularisation du Danube devant Vienne. — Depuis la montagne de Kahlenberg, en amont de Vienne, jusqu'à Theben, près de la frontière de Hongrie, le Danube coule dans une large plaine d'alluvion, où il s'est creusé un lit irrégulier, variable, et généralement formé de plusieurs bras.

Cette situation, incompatible avec une bonne navigation, présente surtout de graves inconvénients devant la capitale de l'Autriche. Entre le faubourg de Léopoldstadt et le bras principal du Danube, une vaste étendue de terrain, d'environ 4 kilomètres de largeur, coupée par plusieurs bras secondaires, est soumise à de fréquents débordements, et par cela même très-insalubre et peu productive. L'accumulation de glaces qui encombrent, en hiver, toutes les ramifications du fleuve, notamment le bras appelé *canal du Danube*, qui sépare Léopoldstadt de la ville proprement dite, occasionne des inondations désastreuses dans les quartiers bas, et les débâcles causent en outre des dommages considérables. La ville, dont la population s'accroît si rapidement depuis quelques années, ne peut s'étendre vers le Danube, et la navigation, dont le trafic, malgré les obstacles existants, est montée de 260,000 à 804,000 tonnes en huit années (de 1861 à 1868), se trouve entravée dans son développement.

Telles sont les considérations qui ont fait décider la régularisation du Danube, depuis un point situé à environ un kilomètre en amont de Nussdorf, où le canal du Danube a son origine, jusqu'à Fischamend, sur une étendue d'environ 30 kilomètres.

Une Commission a été instituée en 1864 pour la préparation des projets et la direction des travaux. Elle est présidée par le Ministre de l'intérieur et composée de représentants de l'Empire, de la province de la basse Autriche et de la ville de Vienne. Elle compte parmi ses membres deux ingénieurs renommés, M. le conseiller aulique impérial, chevalier Von Engerth, qui a donné son nom à une machine locomotive de son invention, et dont nous avons déjà signalé la coopération à l'établissement de la grande rotonde du Palais de l'Exposition, et M. le conseiller ministériel impérial royal Gustave Wex, qui est chargé de diriger la rédaction des projets de détail et l'exécution des travaux.

Cette Commission a pensé que la solution de la question devait assurer, de la manière la plus large, tous les avantages qu'on se proposait de réaliser, et elle a adopté, en 1868, un projet grandiose qui a reçu la sanction du Gouvernement. La dépense pour la longueur de 30 kilomètres, assignée aux travaux à entreprendre, a été évaluée à 24,600,000 florins (61,500,000 francs), à répartir par tiers entre l'Empire, la province et la ville.

Les travaux ont été adjugés, sur une étendue d'environ 15,400 mètres, entre Nussdorf et Albern, village situé en face de l'extrémité d'aval du canal du Danube, et ils sont déjà très-avancés dans cette partie. Entre Albern et Fischamend, sur environ 14,600 mètres, l'adjudication n'est pas encore donnée, mais cette seconde partie entraînera une dépense relativement peu considérable, et c'est la partie en cours d'exécution qui est surtout très-remarquable au point de vue de la conception du projet et de l'importance des travaux.

Ces travaux consistent à ouvrir au fleuve, sur une longueur de 13,273 mètres (7,000 Klafter), un nouveau lit où toutes ses eaux, même celles des plus fortes crues, seront concentrées. Le tracé de ce lit est presque rectiligne : la légère courbure qu'il présente, et dont la convexité est tournée vers la ville, n'a en effet qu'une flèche d'environ $\frac{1}{25}$ de la corde. De cette manière le Danube ne sera distant que d'environ 1,500 mètres de l'Augarten, allée où se termine le faubourg de Léopoldstadt, tandis que son bras principal en est actuellement éloigné de près de 3 kilomètres et demi.

Le lit mineur, établi le long de la rive droite, a une largeur de $284^m,50$ (900 pieds), et est creusé à $3^m,16$ (10 pieds) en contre-bas de l'étiage, avec une pente longitudinale de 40 centimètres par kilomètre. La berge de la rive droite est insubmersible; celle de la rive gauche s'élève à $2^m,05$ (6 pieds 1/2) au-dessus de l'étiage, et ne sera pas surmontée par les crues ordinaires, qui ne dépassent guère 2 mètres au-dessus de l'étiage.

Le lit majeur a $758^m,67$ (2,400 pieds) de largeur. Sur la rive droite, le couronnement des perrés ou des murs de quai qui en forment les berges est à $3^m,79$ (12 pieds) au-dessus de l'étiage. On admet que les plus grandes crues ne dépasseront pas cette hauteur. D'après les observations faites depuis 1860, une seule crue, en février 1860, s'est élevée plus haut et a atteint $4^m,36$ ($13^p,8$); mais on compte que, par l'écoulement plus facile qu'une crue de même débit trouvera dans le nouveau lit, sa hauteur sera bien moindre. Néanmoins, pour avoir une certitude d'insubmersibilité complète, on a disposé le terre-plein de la rive droite suivant un plan incliné de 170 mètres de largeur, dont la crête est élevée à $6^m,33$ (20 pieds) au-dessus de l'étiage. Sur la rive gauche, le lit majeur est limité par une digue dont le sommet est à la même hauteur de $6^m,33$ au-dessus de l'étiage[1].

[1] Il résulte des observations faites à l'échelle du grand bras du Danube, devant Vienne, depuis 1850 jusqu'à 1873, que les basses eaux ont lieu en décembre et janvier, et qu'elles s'abaissent généralement de $1^m,30$ à $1^m,60$ au-dessous du zéro. Les plus basses eaux observées sont descendues à $1^m,80$ en décembre 1865. Les eaux se tiennent d'une manière constante au-dessus de l'étiage entre le commencement de mars et la fin de septembre. Les plus fortes crues d'été ne s'élèvent pas à plus de $2^m,30$ au-dessus du zéro. Les crues exceptionnelles, au nombre de trois seulement, se sont toujours produites en février, et se sont élevées de $3^m,20$ à $4^m,40$.

Le débit total du fleuve, en étiage, est évalué approximativement à 1,500 mètres cubes par seconde. Celui des crues n'a encore été l'objet d'aucune évaluation précise. On paraît cependant admettre qu'il est de 7,600 mètres cubes pour une crue de 12 pieds ($3^m,79$) au-dessus du zéro. La pente longitudinale du Danube devant Vienne est d'environ 40 centimètres par kilomètre.

La partie du lit majeur qui est soumise aux inondations par les grandes crues, et dont la largeur est de 474^{m},17 (1,500 pieds), est réglée avec une pente transversale insensible ($\frac{1}{1000}$), et est couverte, par une crue de 12 pieds, d'une nappe d'eau de 1^{m},50 (4^{p},75) de hauteur moyenne,

Les berges du lit mineur et du lit majeur sont revêtues de perrés, à pierre sèche, inclinés à 2 de base pour 1 de hauteur. Du côté de la ville, les perrés sont remplacés par des murs de quai sur une longueur de 2 kilomètres, et l'on étendra ces murs au fur et à mesure des besoins.

Le lit rectifié sera réalisé au moyen de deux grandes tranchées ayant l'une 6,638 mètres, l'autre 2,548 mètres de longueur. La première est exécutée immédiatement, suivant le profil définitif assigné au lit, ce qui exige des déblais et des dragages atteignant ensemble environ 12,300,000 mètres cubes. Pour la seconde, on se bornera à ouvrir, le long de la rive droite, une cunette ou canal d'appel de 114 mètres de largeur à une profondeur de 2^{m},53 pour l'étiage, et dont l'élargissement sera laissé à l'action des eaux.

La Commission n'a pas jugé convenable d'appliquer à la première tranchée ce procédé économique, généralement adopté dans les travaux de cette nature, parce que, d'une part, elle a voulu établir tout de suite, par des remblais réguliers, les quais et les terrains à bâtir de la rive droite, et que, d'une autre part, elle a craint que les parties inférieures du fleuve ne fussent encombrées par des dépôts de gravier.

L'entreprise de ces immenses terrassements a été adjugée à MM. Castor, Hersent et Couvreux, qui ont consenti des prix de beaucoup inférieurs à ceux demandés par leurs concurrents. Ils ont exposé l'organisation de leurs chantiers dans la section française, ainsi que nous l'avons fait connaître.

L'un des avantages qui résulteront de ces travaux sera, comme nous l'avons dit, de préserver la ville de Vienne des inondations. Celles-ci sont causées par le débordement des eaux du canal du Danube, lorsque, dans les crues extraordinaires, ces eaux sont gonflées par l'accumulation des glaces. Ce canal est un cours d'eau d'une largeur à peu près régulière d'environ 70 mètres, qui débite environ le huitième des eaux du fleuve en temps d'étiage, et qui est navigable par les petits bateaux à vapeur[1]. Pour prévenir les inondations, il suffit d'empêcher que les glaces du bras principal ne pénètrent dans le canal et ne s'y accumulent; il nous a en effet été assuré que, sans cette accumulation, les eaux des plus grandes crues ne s'élèveraient pas assez haut pour déborder sur les quais. Or le

[1] Les grands et magnifiques bateaux pour voyageurs qui circulent sur le Danube, à partir de Vienne, ne peuvent entrer dans le canal.

canal est gelé tous les hivers pendant plusieurs mois, et toute navigation y est interrompue pendant cinq mois [1]. Dans ces conditions, il n'y a aucun inconvénient, dit-on, à ce que le canal demeure complétement fermé, près de son extrémité d'amont, pendant la saison des glaces. C'est ce qu'on fera au moyen d'un grand bateau-porte qu'on mettra en place à l'approche de l'hiver, et qu'on rangera dans une chambre ménagée à cet effet lorsque tout danger sera passé.

Cet appareil, qui dépasse par ses dimensions tous ceux connus dans ce genre, a été exécuté d'après les projets de M. Van Engerth, et, dans une notice rédigée pour l'exposition de la régularisation du Danube, la Commission le considère comme l'objet le plus remarquable de cette exposition. En voici les principales dispositions :

A une distance de 170 mètres en aval de la pointe qui sépare l'entrée du canal du bras principal, on a construit des pertuis de $47^m,41$ (150 pieds) de largeur, dont les bajoyers, fondés à l'air comprimé, sont réunis par un radier en béton de $30^m,35$ de largeur, dans le sens du courant, et de $1^m,26$ (4 pieds) d'épaisseur. La surface de ce radier a été établie à $4^m,19$ (13 pieds un quart) au-dessous de l'étiage, parce que la Commission a regardé comme très-probable que l'étiage s'abaisserait en cet endroit de $1^m,26$ à $1^m,90$ (de 4 à 6 pieds), par suite de la régularisation du cours du fleuve.

Le bateau-porte a $48^m,60$ (153 pieds) de longueur, $9^m,48$ (30 pieds) de largeur au milieu et $5^m,69$ (18 pieds) de hauteur. Il dépasse ainsi d'environ 14 mètres en longueur les plus grands bateaux-portes exécutés dans les ports maritimes. Il est à fond plat et présente à peu près le profil de la moitié supérieure des bateaux-portes du Havre. Ses bords (l'étrave et l'étambot) sont d'ailleurs verticaux. Il est entièrement en fer, muni de pompes d'épuisement et d'une machine à vapeur fixes, et construit avec une très-grande solidité : on n'y a pas employé moins de 365,934 kilogrammes de fer, ce qui n'a du reste rien de disproportionné avec les dimensions exceptionnelles de l'ouvrage.

Lorsqu'il est en place, le bateau s'appuie par un bout à une large feuillure ménagée dans l'un des bajoyers, et par l'autre bout à un système particulier d'arrêt mobile qui permet de faire échapper le bateau du côté d'aval.

On aura, en effet, à ouvrir le pertuis lorsqu'il y aura encore des glaces accumulées du côté d'amont, et qui empêcheraient de faire mou-

[1] On sait que la même interruption, à cause des accumulations de glaces, a lieu tous les ans sur tout le cours du Danube jusqu'à son embouchure.

voir dans ce sens. Ce système d'arrêt, qui remplace un poteau-valet ordinaire, se compose de deux portes tournantes à axes verticaux d'environ 2 mètres de largeur. La première, lorsqu'elle est dirigée transversalement au nu du bajoyer, le dépasse de manière à fournir un appui au bateau-porte, et elle est butée par la seconde porte. En faisant mouvoir cette dernière, à l'aide d'un cabestan, de manière que son extrémité mobile se rapproche de l'axe de la première porte, celle-ci, obéissant à la pression du bateau, s'incline vers l'aval, et il arrive un moment où le bateau échappe.

Quant à la manœuvre de la mise en place du bateau, elle s'opère au moyen de chaînes et de treuils établis à demeure sur les bajoyers.

Le bateau-porte ne s'appuiera jamais sur le radier; il en sera toujours séparé à la distance voulue pour laisser entrer dans le canal du Danube un volume d'eau convenable. Avec la faculté qu'on aura de faire immerger le bateau plus ou moins, en remplissant ou en vidant les compartiments étanches, on aura la faculté de régler le niveau de l'eau dans ce canal.

Nous venons d'indiquer d'une manière générale en quoi consistent les grands travaux destinés à concentrer le Danube dans un lit d'une régularité parfaite, et à mettre fin à tous les inconvénients de l'état sauvage où il avait été laissé devant la ville de Vienne.

Il nous reste à indiquer les avantages dont la Commission espère la réalisation.

La dépense à faire, évaluée d'abord à 26 millions et demi de florins, sera notablement dépassée, et la Commission estime qu'elle ne s'élèvera pas à moins de 30 millions de florins (75 millions de francs).

Les prévisions du projet ont dû, en effet, recevoir plusieurs additions, notamment celle du pont Thabor, que la Commission s'est chargée de construire et dont nous avons donné la description plus haut. Mais, malgré le chiffre élevé des dépenses et indépendamment des avantages inappréciables au point de vue des inondations et de la salubrité, la Commission attribue à l'entreprise des conséquences très-prospères, quelle résume comme il suit :

Dans toute l'étendue du nouveau lit, il y aura, sur la rive droite, des quais de 13,276 mètres (7,000 Klafter) de longueur, et de 70 hectares 49 ares (196.000 Klafter carrés) de superficie. A l'extrémité d'aval de ce nouveau lit, on établira un port d'hiver de 66 hectares 17 ares de superficie avec quais de débarquement de 9,673 mètres (5,100 Klafter) de longueur.

Dans le canal du Danube, qui sera approfondi par des dragages, on trouvera encore sur les deux côtés des quais de 13,276 mètres (7,000 Klafter) de longueur.

On avait d'abord pensé qu'on pourrait laisser l'ancien lit principal se colmater par les dépôts successifs des matières charriées par les eaux. Mais on craint, avec raison, de créer ainsi un foyer d'insalubrité, et on se réserve de régulariser cet ancien lit et d'y établir de nouveaux bassins de navigation dont les quais n'auraient pas moins de 11,380 mètres (6,000 Klafter) de longueur. La longueur totale des quais mis au service de la navigation serait alors de plus de $47^{km},41$ (25,000 Klafter), et dépasserait celle dont dispose n'importe quelle ville commerciale du continent.

Les terrains que les travaux de la régularisation du Danube rendront propres à recevoir des constructions sur les deux rives du nouveau lit, déduction faite des rues, places et jardins, ont une surface de 267 hectares. De plus, dans les faubourgs situés sur la rive gauche du canal du Danube, des terrains ayant une surface de 323 hectares seront préservés des fréquentes inondations auxquelles ils sont soumis, et pourront servir à des constructions. Cette augmentation des terrains à bâtir répond à une nécessité de première urgence, à cause de l'accroissement de la population de Vienne. Or la conquête de 267 hectares représente, en capital, une valeur de plus de 100 millions de francs, et la plus-value donnée aux 323 hectares des faubourgs ne doit pas être estimée à moins de 125 millions. Enfin, la location des emplacements pour dépôts de marchandises le long des quais produira un revenu annuel d'au moins 750,000 francs.

La Commission se croit donc fondée à dire que la régularisation du Danube n'est pas seulement une œuvre grandiose de la plus haute utilité, mais encore une opération financière qui donnera des bénéfices considérables.

Sans contester l'exactitude de ces prévisions, nous ferons seulement remarquer que leur réalisation demandera un temps qui pourra être fort long, au moins en ce qui concerne la navigation. Le Danube est dans un état de navigabilité très-imparfait entre Vienne et Pesth, et la grande navigation ne remonte guère en amont de cette dernière ville. Tant que le fleuve ne sera pas amélioré jusqu'à Vienne, la régularisation en cours d'exécution aura une utilité restreinte, et il faudra que le trafic augmente énormément pour exiger une étendue de quais aussi vaste que celle dont on pourrait disposer.

En ce qui concerne les dispositions des ouvrages, il y aurait également quelques réserves à faire. La création de vastes étendues de terrains à bâtir au moyen de remblais nous paraît être le meilleur motif pour expliquer le creusement du nouveau lit mineur avec sa largeur définitive: car sans cela il eût été plus économique d'utiliser l'action des eaux, comme, du reste, on le fait pour la plus petite des tranchées. La fermeture du canal du Danube, pour empêcher son obstruction par les glaces, nous paraîtrait aussi comporter une solution bien moins coûteuse que celle qui a été adoptée. Il semble, en effet, que le grand bateau-porte est un outillage quelque peu compliqué pour n'avoir à fonctionner que deux fois par an. Il exigera un entretien attentif et continu à cause de ses machines, et il y a peut-être à craindre les dégradations résultant du frottement des glaces qui passeront en dessous, lorsque le fleuve charriera avant d'être complétement pris. Nous craignons, en outre, qu'il ne soit pas aussi facile à manœuvrer qu'on l'a supposé. Mais ce beau travail aura, en tout cas, le mérite de marquer un progrès dans l'art de l'ingénieur, par une application nouvelle des bateaux-portes dans des proportions inusitées.

Deux diplômes d'honneur ont été attribués aux travaux de la régularisation du Danube : l'un a été décerné à la Commission, l'autre à M. le conseiller Wex, directeur des travaux.

Études de M. Gustave Wex sur le régime des cours d'eau. — M. Wex, conseiller ministériel I. R, a exposé les résultats de ses études sur le régime du Rhin, du Danube, de l'Elbe, de l'Oder et de la Vistule, qu'il a résumés dans un mémoire publié en 1873, dans le journal du cercle des ingénieurs et architectes de Vienne. Il est arrivé à cette conclusion que, par suite de l'extension de la civilisation, le produit des sources et le débit des fleuves en eaux basses diminuent de plus en plus, tandis que la hauteur des crues va en augmentant. Il estime qu'il est urgent de prendre des mesures pour conjurer les dangers de ces deux perturbations de l'écoulement des eaux à la surface du globe.

Nous allons donner un résumé sommaire de ces recherches.

Rhin. — M. Wex combat l'opinion émise par M. F. Hagen, conseiller supérieur intime des travaux publics en Prusse, qui, d'après des observations faites de 1800 à 1871 sur le Rhin, a pensé qu'il était impossible d'affirmer positivement une diminution dans le débit des basses eaux. Il s'appuie sur les tableaux des observations faites sur le Rhin à l'échelle d'Emmerich (frontière de Hollande) de 1770 à 1835, et à l'échelle de Cologne de 1782 à 1835, tableaux publiés dans l'Hydrographie de M. le docteur Berghaus.

En groupant ces observations en deux périodes d'égale durée, on trouve que la seconde période présente, par rapport à la première, les différences ci-après[1] :

Les hautes eaux annuelles se sont élevées,	à Emmerich, de........ ...			10'''
	à Cologne, de...		1''	6'''
Les eaux moyennes se sont abaissées,	à Emmerich, de...........	1'	4''	5'''
	à Cologne, de		4''	3'''
Les basses eaux se sont abaissées,	à Emmerich, de....	1'	1''	3'''
	à Cologne, de............		7''	3'''

M. Wex pense qu'on ne peut attribuer l'abaissement des eaux moyennes et basses qu'à une diminution de débit, parce que antérieurement à 1835 on n'avait pas encore entrepris les travaux de rectification du Rhin. M. Berghaus explique d'ailleurs que cet abaissement est moindre sur le Rhin que sur d'autres fleuves, parce que son débit d'été est entretenu par la fonte des neiges et des glaciers des Alpes, et que le lac de Constance sert de réservoir régulateur.

M. Wex s'appuie encore sur les observations faites de 1840 à 1867 par M. Grebenau, inspecteur des travaux, publiées en Bavière, à l'échelle de Sonderheim, et sur le débit dans la coupure de Gemersheim. Cet ingénieur a trouvé, en divisant les 28 années d'observation en deux périodes de 14 ans, que le niveau moyen annuel s'était abaissé de 16''',63 (435 millimètres), et que le débit moyen annuel avait diminué d'environ 6,966 pieds cubes (220 mètres cubes).

Elbe. — M. Maass, inspecteur des travaux hydrauliques en Prusse, a déduit des observations faites de 1727 à 1869, à l'échelle de Magdebourg, que non-seulement les plus basses eaux et les eaux moyennes, mais encore les hautes eaux, s'étaient abaissées notablement; mais il attribuait ces faits, non à une diminution du débit, mais à la régularisation du lit, qui a amené un creusement du fond et un accroissement des vitesses moyennes.

M. Wex n'admet pas cette interprétation. Il croit, au contraire, avec M. le docteur Berghaus, qu'en général le lit s'est exhaussé, sauf quelques exceptions, et que les abaissements de niveau sont dus à des diminutions dans les débits.

M. Berghaus a divisé les observations faites à Magdebourg, de 1728 à 1827 inclusivement, en deux périodes correspondant chacune à un demi-

[1] Un pied est marqué par un accent, un pouce par deux accents et une ligne par trois accents. Le pied du Rhin = $0^{m},314$, un pouce = $0^{m},02615$, une ligne = 0,00218.

siècle, et a constaté ainsi que les niveaux moyens s'étaient abaissés dans la seconde période. M. Wex a complété ce travail par les observations de 1828 à 1869, qu'il a empruntées aux tableaux de M. Maas, et il donne les résultats ci-après :

	ABAISSEMENTS SUCCESSIFS DES NIVEAUX MOYENS		
	des basses eaux.	des hautes eaux.	annuels.
De la 2e période (1778-1827) comparativement à la 1re (1728-1777)	pouces. 19,13	pouces. 12,02	pouces. 17,16
De la 3e période (1828-1869) comparativement à la 2e (1778-1827)	9,60	2,24	15,93

M. Wex a encore formé, avec les observations de Magdebourg, deux groupes demi-séculaires, de 1731 à 1780 et de 1781 à 1830, en les classant par mois, mais sans distinguer les basses eaux des hautes eaux, et il a trouvé ainsi que les niveaux moyens de la seconde période présentaient, toujours par rapport à ceux de la première, un abaissement qui varie entre 15p,17 et 25p.82 pour les moyennes mensuelles, et qui est de 20p,61 pour la moyenne annuelle [1].

L'abaissement continu de la tenue moyenne des eaux de l'Elbe à Magdebourg est donc évidente. Mais, en outre, M. Wex, en analysant les observations avec plus de détails, est arrivé à cette conclusion, que dans la dernière période (1828-1869) les grandes crues ont été plus fréquentes et plus élevées que dans la période précédente, que les basses eaux ont également été plus fréquentes et plus basses, et que, par conséquent, la différence entre les niveaux extrêmes va toujours en augmentant.

M. Wex rappelle que la Commission d'enquête, instituée par une convention conclue en 1842 entre les États riverains de l'Elbe, a constaté, dans ses procès-verbaux de 1842, 1858 et 1869, que le niveau des plus basses eaux s'abaissait constamment, que le débit correspondant diminuait et que le lit du fleuve s'exhaussait dans sa partie inférieure. Elle a admis, dès 1842, que cette diminution des débits d'étiage devait être attribuée au défrichement des forêts, à la culture des marais et aux irrigations. Elle a été amenée à assigner au lit des largeurs moindres que celles précédemment admises, et, malgré une dépense de 20 millions de thalers en digues et épis exécutés sur une longueur de 111 milles allemands [2],

[1] La lettre *p* signifie un pouce. — [2] Le mille allemand de 15 au degré est égal à 7,406 mètres.

depuis Melnik jusqu'à la mer, le fleuve et la navigation, loin d'être améliorés, se trouvent, en plusieurs endroits, dans des conditions plus mauvaises. M. Wex attribue cet insuccès des travaux exécutés, non à un système défectueux, mais à la diminution des débits.

Oder. — M. le docteur Berghaus a publié les observations faites sur ce fleuve à Küstrin de 1778 à 1835, et, en les groupant en deux périodes demi-séculaires, on en conclut qu'en moyenne il y a eu, dans la seconde période, un abaissement de 9p,03 pour les hautes eaux, de 9p,45 pour les basses eaux, et un abaissement moyen annuel de 10p,13.

Vistule. — M. Schmid, conseiller intime du royaume de Prusse, à Marienwerder, a publié les observations faites sur le niveau des eaux de la Vistule, à Kurzebrack, près de Marienwerder, de 1809 à 1856, et il en a déduit que ce fleuve a subi un abaissement de niveau et une diminution de débit. M. Wex a repris ces observations avec leur continuation jusqu'en 1871, et, les divisant en deux périodes de 32 ans, il a trouvé que dans la seconde période les niveaux moyens s'étaient abaissés par rapport à ceux de la première de 27p,67 pour les basses eaux, de 2p,23 pour les hautes eaux, et de 16p,75 pour les moyennes annuelles. Il conclut de l'analyse détaillée de ces observations que les grandes crues sont plus fréquentes et plus élevées, tandis que le débit du fleuve a notablement diminué en eaux basses et moyennes.

Danube. — Les observations faites devant Vienne, à l'échelle du pont du grand bras, antérieurement à 1826, ont été égarées. En divisant celles de 1826 à 1871 en deux périodes de 23 ans, on trouve que dans la seconde période le niveau des basses eaux s'est abaissé de 9 pouces par rapport à la première, et que l'abaissement des hautes eaux a été de 10 pouces.

D'après un profil très-ancien du lit du canal du Danube, à Nussdorf, l'écart entre les niveaux des plus hautes et des plus basses eaux était autrefois de 12 pieds, tandis qu'il atteint aujourd'hui 20 pieds et demi.

M. Wex estime que les observations faites aux Portes-de-Fer à Alt-Orsowa, au-dessous de Bazias, sont les plus concluantes pour l'appréciation des variations dans les débits du Danube, en raison de l'invariabilité du lit resserré entre des rochers sur une étendue considérable, et il déduit des tableaux et des profils qu'il a fait dresser pour une période de 32 ans (1860 à 1871) que le débit des hautes eaux, comme celui des basses eaux, a notablement diminué, le niveau moyen des premières s'étant abaissé de 11 pouces, et celui des secondes de 14 pouces 2/3. Pour que la navigation ne soit pas interrompue avant 30 ans, il pense qu'il faudrait porter la profondeur du canal à ouvrir à travers les huit bancs de roches des Portes-de-Fer à 8 pieds au-dessous du zéro, et non pas à 6 ou 7 pieds comme cela est prévu au projet de 1854, et encore moins à 4 pieds seulement, comme la Compagnie de navigation le croit suffisant.

Résumé des observations sur tous les fleuves. — Après avoir discuté toutes les observations qu'il a recueillies, M. Wex les a résumées dans le tableau suivant en pouces du Rhin, le signe + correspondant à des exhaussements et le signe — à des abaissements.

DÉSIGNATION DES FLEUVES ET POSITION DES ÉCHELLES.	PÉRIODES D'OBSERVATIONS.	DIFFÉRENCES ENTRE LES NIVEAUX MOYENS DE CHAQUE DEMI-PÉRIODE pour			DIFFÉRENCES RAPPORTÉES À DES DEMI-PÉRIODES de 50 ans, pour	
		les basses eaux.	les eaux moyennes annuelles.	les hautes eaux.	les basses eaux.	les eaux moyennes annuelles.
		pouces.	pouces.	pouces.	pouces.	pouces.
Le Rhin.. à Emmerich.....	1770-1835 66 ans.	— 13,25	— 16,42	+ 0,83	— 20,06	— 24,88
Le Rhin.. à Dusseldorf.....	1800-1870 71 ans.	+ 0,60	— 4,73	+ 8,58	+ 0,83	— 6,66
Le Rhin.. à Cologne.......	1782-1835 35 ans.	— 7,21	— 4,27	+ 1,50	— 13,33	— 7,91
Le Rhin.. à Germersheim...	1840-1867 28 ans.	inconnu.	— 16,63	inconnu.	inconnu.	— 59,39
L'Elbe à Magdebourg........	1728-1869 142 ans.	pour 92 ans — 29,00	— 31,00	— 9,00	— 15,76	— 16,85
L'Oder à Küstrin...........	1778-1835 58 ans.	— 9,45	— 10,13	+ 1,56	— 16,27	— 17,45
La Vistule à Marienwerder.....	1809-1871 58 ans.	— 27,66	— 16,50	— 1,58	— 43,90	— 26,20
Le Danube à Vienne........	1826-1871 46 ans.	— 5,04	— 8,46	— 10,07	— 11,39	— 18,39
Le Danube à Orsowa.......	1840-1871 32 ans.	— 14,76	— 17,62	— 11,08	— 46,12	— 55,06

M. Wex conclut de l'appauvrissement ainsi constaté des grands fleuves que le même phénomène doit se produire sur leurs affluents. A défaut d'observations directes, il s'appuie sur les changements défavorables survenus dans leur état de navigabilité, et dans le régime hydraulique des usines riveraines, il cite à ce sujet l'opinion exprimée par M. F. Perrot dans un journal mensuel de navigation.

M. Wex a étendu ses études aux sources. D'après MM. Berghaus et Hagen, il n'y a qu'une fraction (1/6 ou 1/3) des eaux fluviales qui s'écoule superficiellement par les cours d'eau. Le reste est absorbé par le sol et forme les réserves qui alimentent ces cours d'eau dans l'intervalle des pluies. Or ces réserves deviennent de moins en moins abondantes, et, pour le prouver, M. Wex rappelle les observations faites en France, en 1825, par M. Fleuriot de Bellevue, les nombreux puits qu'il a fallu approfondir dans divers pays, et l'alimentation insuffisante du canal Aqua Vergine, à Rome, des canaux d'alimentation de Constantinople et de Versailles, des jardins de Vienne et de Schönbrunn, etc.

Après avoir établi le fait de la diminution du débit des cours d'eau et des sources, M. Wex en recherche les causes. S'appuyant sur les observations d'un très-grand nombre d'auteurs qu'il cite, il admet pour première cause la destruction des forêts, qui exercent une influence favorable à la régularité de la production et de l'écoulement des eaux pluviales, et pour seconde cause le desséchement des lacs, étangs et marais, qui forment autant de régulateurs pour les cours d'eau. Il trouve une troisième cause dans l'extension rapide des cultures du sol, qui augmentent la quantité d'eau absorbée et retenue dans le terrain, ou perdue par l'évaporation, et celle consommée par la végétation; et même une quatrième dans l'accroissement constant de la population, qui emploie une quantité d'eau de plus en plus grande pour son alimentation, pour celle de son bétail, et pour tous ses usages domestiques.

M. Wex formule enfin des propositions sur les mesures à prendre pour arrêter les progrès des inondations de plus en plus désastreuses, et de l'appauvrissement des débits d'étiage des cours d'eau; double mal qu'il attribue, non à des lois insurmontables de la nature, mais à l'action de l'homme sur la transformation de la surface du globe.

Pour montrer ce qui a déjà été fait dans ce but, il donne le résumé de la publication faite, en 1858, dans le journal universel de construction de Vienne, d'extraits d'un ouvrage en 40 volumes sur les travaux hydrauliques de la Chine. Il indique les résultats immenses qui ont été obtenus par de grands canaux de navigation et d'irrigation, par la rectification et l'endiguement des rivières, par l'établissement de barrages et de vastes réservoirs, par des puits absorbants, etc. Ces travaux, dont l'origine remonte à 4,000 ans, ont mis le pays à l'abri des inondations, et ont permis à l'agriculture de prendre un développement extraordinaire.

Il cite aussi un ouvrage de M. J. Dumas (*Étude sur les inondations, causes et remèdes*. Paris, Lacroix-Comon, 1857) qui a été couronné par l'Académie des sciences de Bordeaux, les lois écossaises de 1810 sur le reboisement, et un ouvrage de M. David Milne Hove, président de la Société météorologique d'Écosse. On peut être surpris que les études si complètes de M. Belgrand sur l'hydrologie du bassin de la Seine ne soient pas mentionnées.

Les mesures proposées par M. Wex sont les suivantes :

1° Édicter des lois, appliquées avec énergie, pour la conservation des forêts.

2° Reboisement des flancs dénudés des montagnes et des terrains arides, favorisé par de fortes primes.

3° Défense de défricher et de mettre en culture les terrains très-inclinés.

4° Construction de barrages dans les vallées à pentes rapides, pour créer des bassins régulateurs, et transformation, en bassins étagés les uns au-dessus des autres, de toutes les vallées longues et étroites.

5° Interdiction de dessécher les marais qui peuvent servir de bassins régulateurs, et prescription de leur approfondissement (M. Wex admet que les produits des curages et de l'approfondissement, employés comme engrais, compenseraient les dépenses).

6° Établissement sur les cours d'eau à régime torrentiel, au moyen de forts barrages, de réservoirs régulateurs, dont le fond pourrait néanmoins être cultivé en prairies.

7° Établissement, à partir de ces réservoirs, de canaux et de fossés de distribution pour la fertilisation des terres arides.

8° Creusement de puits absorbants dans le fond des bassins collecteurs et des vallées qui n'ont pas assez de pente. Ces puits devraient avoir 2 mètres de diamètre, descendre jusqu'aux couches perméables du sous-sol, et être remplis de pierres et de gros cailloux.

M. Wex cite la plaine marécageuse des Paluns, près de Marseille, qui a été desséchée par des puits absorbants au temps du roi René. Il cite aussi les puits exécutés près de Paris par M. Mulot, lesquels absorbent 100 mètres cubes d'eau par heure, avec un diamètre de 15 centimètres et une profondeur de 81 mètres.

9° Établissement, dans les vallées plates et larges, de canaux absorbants et filtrants, de 50 centimètres de largeur et de profondeur, recouverts de pierres plates, de gravier et de terre, dans le système proposé par M. J. Dumas, de Bordeaux.

10° Régularisation et endiguement des cours d'eaux qui déborderaient malgré les mesures préventives ci-dessus indiquées, et régularisation de leurs rives.

11° Création d'un lit majeur, au moyen de digues spéciales établies à une distance convenable de rives pour les grandes rivières que le lit mineur ne pourrait contenir.

12° Construction de nombreux canaux de navigation qui, indépendamment des services qu'ils rendent au commerce, permettent d'amener de l'eau en volume considérable, aux points où elle manque.

Nous avons cru devoir rendre compte, avec quelques détails, des recherches faites par M. le conseiller Wex sur le régime des cours d'eau. parce que, d'une part, ce travail a été l'un de ses titres à l'obtention d'un diplôme d'honneur, et que, d'une autre part, il nous a paru utile de faire connaître l'opinion d'un des plus savants ingénieurs de l'Autriche sur la grave question des inondations, qui a été l'objet d'études spéciales par les ingénieurs français.

L'abaissement des eaux d'étiage sur les cinq grands fleuves de l'Europe centrale nous paraît un fait suffisamment constaté; car, bien qu'elles aient été faites en un petit nombre de points, les observations sont toutes concordantes, dans le même sens. Nous sommes également disposé à admettre que cet abaissement correspond à une diminution du débit, bien que ce fait ne soit pas établi par une démonstration rigoureuse, parce qu'un ingénieur aussi distingué que M. Wex a dû s'assurer qu'il n'était pas la conséquence de l'abaissement du fond. L'appauvrissement des débits d'étiage est d'ailleurs corrélatif de l'accroissement des grandes crues, que nous admettons d'une manière générale, comme nous le dirons tout à l'heure. Indépendamment des causes qui résident dans l'atmosphère, il suffit, en effet, que les eaux pluviales s'écoulent plus rapidement dans les parties montagneuses des bassins et s'accumulent davantage dans les thalwegs des vallées inférieures, pour qu'il y ait diminution des eaux qui pénètrent dans le sol et alimentent les cours d'eau en temps de sécheresses. Du reste, sur les fleuves de la France, on a aussi observé qu'à des époques récentes les basses eaux sont descendues, en beaucoup de points, au-dessous des niveaux extrêmes des époques anciennes. Cela peut cependant n'être pas général, et nous rappellerons notamment qu'on est fondé à penser qu'à Arles le niveau de l'étiage du Rhône est sensiblement le même que du temps de l'occupation romaine.

Relativement aux hautes eaux, les résultats donnés par M. Wex sont bien moins concluants que pour les basses eaux; car, en résumé, s'ils constatent des élévations pour le Rhin et l'Oder, ils accusent des abaissements pour l'Elbe, la Vistule et le Danube. Sa méthode, basée sur la comparaison de moyennes pour deux longues périodes, nous paraît très-contestable, puisque, d'une part, les hauteurs maxima annuelles des crues présentent des variations considérables, et que, d'une autre part, les dispositions des lits majeures et des champs d'inondation ont dû recevoir des modifications notables. Ainsi, par exemple, on peut se demander si les élévations de quelques pouces, en moyenne, des hautes eaux du Rhin et de l'Oder, ne sont pas dues à de simples changements des conditions d'écoulement. Enfin, ne sachant pas bien comment M. Wex a défini ce qu'il appelle eaux basses, moyennes ou hautes, nous ne pouvons apprécier la signification des variations de hauteur qu'il a signalées.

Quoi qu'il en soit, l'accroissement des grandes crues nous paraît s'expliquer par une cause qu'il n'a pas fait ressortir d'une manière explicite. D'après les études sur les inondations en France, on sait que, dans les siècles passés, les inondations n'étaient ni moins fréquentes ni moins désastreuses que dans le siècle présent, mais qu'elles atteignent aujourd'hui des niveaux plus élevés. Or, les circonstances météorologiques étant censées les mêmes, l'une des principales causes qui ont dû amener cette surélévation, c'est que les rétrécissements du champ d'inondation dans les moindres vallées, comme dans les plus grandes, par des redressements de rives et des endiguements plus ou moins complets, diminuent, pendant les crues, les emmagasinements naturels dans les régions supérieures, et augmentent, par conséquent, les débits maxima dans les régions inférieures.

Nous considérons donc comme étant au moins très-probables les deux faits que M. Wex a voulu mettre en évidence, et, sous ce rapport, ses recherches se recommandent particulièrement à l'attention des ingénieurs.

En ce qui concerne les causes de cette double modification du régime des cours d'eau, M. Wex met en première ligne, à l'exemple de la plupart des ingénieurs qui se sont occupés de cette matière, le déboisement des montagnes et le défrichement des forêts en général. En y ajoutant, comme nous venons de l'indiquer, le resserrement incessant des terrains submersibles dans l'intérêt de l'agriculture, on a une explication plausible de l'augmentation des débits maxima des crues et de la diminution des débits minima des eaux basses.

Quant aux moyens préventifs, M. Wex émet des opinions qui ont été déjà exprimées bien souvent, à l'exception toutefois des puits absorbants, qui, à notre connaissance, n'ont pas encore été proposés au point de vue des grandes inondations. Ces puits peuvent être très-efficaces pour des desséchements de marais, ou pour la défense contre des cours d'eau très-secondaires, comme le prouve l'exemple cité par M. Wex et comme on pourrait en citer beaucoup d'autres; mais ils n'auraient évidemment aucune influence sensible sur la hauteur des crues des grandes rivières, dans les limites où un moyen aussi coûteux serait praticable[1]. L'établissement de barrages et de réservoirs dans les vallées supérieures serait très-inefficace, dans des conditions véritablement économiques, c'est-à-dire avec des dépenses et des inconvénients moindres que la valeur des dommages qu'il s'agirait d'éviter. Nous ne contestons pas, bien entendu, l'utilité des réservoirs d'emmagasinement des eaux pluviales pour les irrigations et pour l'alimentation des villes, mais seulement de ceux qui auraient pour but d'atténuer les grandes inondations. Le reboisement des montagnes dénudées et l'empêchement des défrichements inintelligents sont des mesures dont tout le monde reconnaît l'excellence; mais, si l'on met les superficies restreintes où ces opérations sont justifiées, au point de vue de la production du sol, en regard de la superficie totale du bassin d'un grand fleuve, il faut encore reconnaître qu'elles n'atténueront que faiblement les inondations extraordinaires qui portent la désolation dans les grandes et riches vallées.

C'est donc principalement par des travaux de défense locale qu'on doit continuer à combattre les débordements des cours d'eau, en ce qu'ils ont de plus nuisible, c'est-à-dire par leur régularisation et par leur endiguement bien entendu. A cet égard, on doit surtout se préoccuper des crues ordinaires, qui, par leur fréquence, font en définitive plus de mal en général que les crues extraordinaires, et il faut être très-réservé dans la construction de digues absolument insubmersibles. En resserrant le champ des inondations et en diminuant leur volume dans une région donnée, on aggrave nécessairement la situation des régions inférieures, et c'est par une sage appréciation de l'intérêt général que la loi du 28 mai 1858 a interdit d'établir, à moins d'une autorisation de l'administration, des digues insubmersibles dans le champ d'inondation des principales rivières de la France.

Quant à l'ouverture de canaux de navigation ou d'irrigation, on ne saurait attribuer à ces travaux, éminemment utiles au point de vue de leur destination spéciale, une influence favorable ni à l'abaissement des grandes inondations, ni à l'augmentation des débits d'étiage des cours d'eau.

[1] Les marais des Paluns sont situés dans le canton d'Aubagne, à 20 kilomètres de Marseille. Au XVe siècle, ils occupaient une surface d'environ 600 hectares, et causaient des fièvres qui décimaient la population des environs. On profita de la nature caverneuse du sous-sol pour diriger les eaux dans deux entonnoirs entourés de fossés et de murs à pierres sèches très-perméables pour en empêcher l'obstruction. La majeure partie du marais a, du reste, été desséchée au moyen d'un canal aboutissant à une petite rivière, et aujourd'hui les puits absorbants, qui fonctionnent toujours très-bien, ne servent qu'à une surface d'environ 60 hectares.

Un autre desséchement plus important a été opéré dans l'arrondissement de Marseille par l'absorption des eaux : c'est celui du bassin de Cuzes, dont la superficie est d'environ 1,500 hectares. Plusieurs puits absorbants analogues à ceux d'Aubagne y ont été creusés, et les eaux d'orage sont, en outre, dirigées sur des terrains très-perméables de quelques hectares.

Exposition de l'Administration maritime I. R. de Trieste. — Cette Administration a exposé des modèles en relief des Bouches du Cattaro, des ports de Spalatro et de Trieste, ainsi que des travaux projetés pour le dessèchement des marais voisins de l'embouchure de la Nozenta. Elle a, en outre, fait monter, dans le parc du Prater, un phare métallique, avec son appareil d'éclairage à feu scintillant du quatrième ordre et sa trompette de brume, ainsi qu'un sémaphore.

L'ensemble de cette exposition était très-remarquable, sans pourtant présenter des ouvrages bien saillants et nouveaux. Nous citerons comme offrant un intérêt particulier les travaux du nouveau port de Trieste.

Par sa disposition générale, il rappelle les nouveaux bassins de Marseille. Il comprend trois darses de 500 mètres de largeur, séparées par quatre môles de 80 mètres de largeur qui s'avancent de 215 mètres, et il est abrité, du côté du large, par une digue de 1,200 mètres de longueur.

Le fond est composé de vase et d'argile plus ou moins compactes. Les sondages n'ont pas été descendus au delà de 16 mètres en contre-bas de la basse mer; à cette profondeur, l'argile, quoique assez résistante, est encore très-compressible.

A cause de la présence des vers-tarets dans les eaux de Trieste, on n'a pu songer à exécuter des ouvrages en charpente, et on a dû soutenir par des maçonneries les remblais des môles et du quai auquel ces môles sont rattachés.

Tous les murs sont établis sur quatre assises régulières de blocs en béton (avec chaux du Theil), ayant $3^{m},70$ de longueur, 2 mètres de largeur et $1^{m}.50$ de hauteur, et présentant leur petite face en parement. Avant la pose de ces blocs, le sol a été dragué jusqu'à une profondeur de 10 à 12 mètres, et cette fouille a été garnie d'une couche de 4 à 6 mètres d'épaisseur en moellons et blocs d'enrochements de grosseur variable. Malgré cette première fondation, les blocs prennent un tassement très-marqué, et ce n'est qu'après qu'ils ont acquis une stabilité suffisante, qu'on les surmonte d'un mur de quai, parementé en pierre de taille, dont le couronnement s'élève à $3^{m},16$ au-dessus de la basse mer. Les quatre assises de blocs tassent assez uniformément, et présentent sous l'eau un parement général d'une régularité très-convenable et contre lequel il y a 6 mètres de mouillage.

La compression du sol argileux, sous le poids des remblais des môles, a produit quelques mouvements en avant dans les assises de blocs posées en premier lieu, et l'expérience n'a pas tardé à démontrer qu'il convenait de commencer par exécuter les remblais sur toute leur hauteur, sauf à en garantir les talus contre l'action de la mer, au moyen de pierraille et de petits enrochements, afin de ne pas gêner l'expansion du sous-sol comprimé. Lorsque les remblais d'un môle ont pris une bonne assiette, on drague l'emplacement des fondations des murs, et on procède à l'échouage des enrochements et des blocs, sans avoir à craindre que ceux-ci ne soient poussés en avant.

La digue brise-lames du large est formée d'un massif d'enrochements de grosseur graduée. Le talus extérieur est garni, à partir d'une profondeur d'eau de $4^{m},75$, en gros blocs naturels qui s'élèvent jusqu'au couronnement du parapet, avec une inclinaison de 3 de base pour 2 de hauteur. Du côté du port, il y a un mur de quai dont la partie noyée est formée, sur 6 mètres de profondeur, de quatre rangées de blocs, et dont le couronnement est à 2 mètres au-dessus de la basse mer. La largeur de la digue, en couronne, est de 14 mètres, y compris celle du parapet, qui s'élève à $3^{m},60$ au-dessus du niveau de la basse mer. Cette digue est fondée à environ 16 mètres en contre-bas de ce niveau. Le tassement du sous-sol s'est fait d'une manière très-égale, et les alignements du mur intérieur ont conservé une régularité parfaite.

Les projets du nouveau port de Trieste ont été dressés d'après les indications et les conseils de M. Pascal, ingénieur en chef à Marseille. La Compagnie I. R. P. des chemins de fer du Sud de l'Autriche s'est chargée de l'exécution des travaux, qui sont dirigés par M. Bömchez, inspecteur de cette compagnie, sous les ordres de M. le directeur général Bontoux, ingénieur des ponts et chaussées de France.

Nous avons visité ces travaux au mois d'août dernier; à ce moment, la digue d'abri était à peu près achevée, ainsi que les remblais et les enceintes en blocs artificiels des deux premiers môles. Les travaux du troisième môle étaient très avancés, et les fondations étaient préparées pour le quatrième môle. L'installation des chantiers était organisée dans les meilleures conditions.

Le phare monté dans le parc du Prater ne présentait aucune disposition nouvelle importante, comparativement aux phares métalliques déjà existants. Toute la charpente en fer était bien conçue et très-solidement établie. L'appareil d'éclairage et la trompette de brume, à air comprimé par une machine à vapeur, étaient établis selon des types connus. Cet important ouvrage a été exécuté par la maison Sautter-Lemonnier, de Paris.

L'exposition de l'Administration maritime de Trieste comprenait le modèle d'un groupe de pieux pour l'attache de plusieurs navires à une certaine distance des murs de quai. Ce système d'amarrage est encore en usage dans les ports de l'Autriche comme dans ceux de la Hollande, et les améliorations introduites dans le modèle dont il s'agit offrent de l'intérêt.

Cependant on peut reprocher à ces pieux placés au milieu des bassins de gêner les évolutions des navires.

Exposition du Lloyd autrichien. — Cette Compagnie a exposé le plan en relief de l'arsenal qu'elle possède à Trieste pour la construction et la réparation des navires en fer. Nous avons visité ce grand établissement. En dehors de vastes bâtiments qui renferment les ateliers et les magasins, il y a deux ouvrages qui méritent d'être signalés : une forme sèche de radoub et un plan incliné pour le tirage à terre des navires à réparer.

La forme est construite avec une grande solidité et bien agencée. Les bords du bateau-porte sont très-évasés, comme dans les formes nouvelles de Marseille. Ce bateau peut recevoir quatre positions différentes, selon la longueur des navires. Les gradins pratiqués dans les murs latéraux de la forme sont très-rapprochés, et leur trop grand nombre a été une complication, sans utilité réelle, dans la construction de l'ouvrage. Une glissière pour la descente des matériaux est établie de chaque côté de la forme, et il y en a encore une troisième dans le fond.

Le plan incliné est très-bien organisé tant pour le tirage que pour le lançage des navires. Il est d'un usage très-fréquent, et, à ce qu'il nous a été assuré, très-commode et très-économique.

Dragues et excavateurs de M. Joseph de Mauser, de Trieste. — Ce constructeur de machines a exposé le modèle d'une drague, celui d'un excavateur monté sur un chariot et se mouvant sur une voie ferrée le long de la fosse à creuser, ainsi que celui d'une machine élévatoire pour déposer à terre les matières draguées.

Ces machines sont d'une grande puissance et très-bien construites. Elles sont comparables, sans leur être supérieures, à celles employées au travaux de la régularisation du Danube, à Vienne, par MM. Castor, Hersent et Couvreux.

La drague a une force de 40 chevaux et a été employée à la régularisation du Danube près de l'embouchure de la Sulina. Un modèle d'une drague de même force a d'ailleurs été exposé par M. de Mauser, en 1867, à Paris[1].

L'élévateur présente une disposition nouvelle. Les matières draguées sont versées dans une caisse en tôle, de la contenance de 30 mètres cubes, placée sur un bateau. Celui-ci étant amené au pied de l'élévateur, la caisse est tirée hors du bateau et montée sur un plan incliné établi latéralement

[1] *Rapports sur les travaux publics et les constructions civiles*, p. 169.

à l'élévateur et perpendiculairement à la rive. Arrivée au sommet du plan incliné, la caisse se décharge en basculant. Elle est ensuite redescendue sur le bateau. D'après les renseignements recueillis, cette machine permet de décharger 12 caisses par heure. Ce résultat est fort modéré, et probablement c'est dans des conditions particulières que M. de Mauser, qui est un mécanicien distingué, a trouvé avantageux de l'employer.

Bassin flottant de M. Morell. — M. Morell, de Trieste, a exposé le modèle d'un bassin flottant d'un système particulier.

Ce bassin est formé de deux bateaux à vapeur, à fond plat, contenant plusieurs caisses étanches, qui peuvent être remplies à volonté d'eau ou d'air comprimé, de manière à faire prendre aux bateaux des enfoncements variables. Le fond de chaque bateau présente des coulisses transversales dans lesquelles sont logées des poutres mobiles, qu'on peut faire glisser au moyen de poulies par l'action de la machine à vapeur. Les deux bateaux étant rapprochés à la distance convenable, on fait avancer les poutres hors de leurs coulisses, et on les assemble deux à deux à l'aide de fortes éclisses. On constitue ainsi la charpente d'un bassin flottant qu'on peut employer soit à radouber des navires, soit à franchir des hauts-fonds.

Lorsque les bateaux ne sont pas employés à ces opérations, ils peuvent naviguer isolément pour le transport des marchandises.

Ce système, dans lequel on a voulu assigner à des bateaux à vapeur un double rôle, nous paraît soulever de sérieuses objections, et nous ignorons s'il a été suffisamment expérimenté. Il remonte déjà, du reste, à plusieurs années, et il a été décrit en détail dans le journal anglais *Engineering*, 26 août 1870.

Exposition du Prince I. A. de Schwartzenberg. — Il nous reste à signaler, parmi les travaux hydrauliques de la section autrichienne, les canaux de flottage, dont un modèle et des dessins étaient compris dans la belle exposition de M. le prince de Schwartzenberg.

Le canal de la Krumau, construit dans la seconde moitié du siècle dernier, établit, près de la frontière méridionale de la Bohême, une jonction de la branche supérieure de la Moldau, affluent de l'Elbe, avec la Mühl, affluent du Danube. Il a un développement d'une cinquantaine de kilomètres et une largeur d'environ $2^{m},50$. Il a été creusé en galerie sur plusieurs points, et présente différentes dispositions simples pour régler l'écoulement des eaux et pour arrêter les pierres et les matières terreuses.

M. le prince de Schwartzenberg se propose de faire exécuter un autre canal de flottage dans la même région, mais d'après des dispositions nouvelles et conformément à un projet de M. l'ingénieur Deutsch, de Vienne[1]. Ce canal, qui aurait environ 7 kilomètres et demi de longueur, serait ouvert dans la gorge resserrée de la Moldau supérieure, connue sous le nom de Fossé du Diable (*Teufelsgraben*), où cette rivière a une pente de 18 millièmes à 2 centièmes. Il serait établi latéralement, avec une largeur de 4m.60 au plafond, et divisé en petits biefs de 31 mètres de longueur. séparés par des seuils en maçonnerie. La pente de ces biefs serait seulement de 3 à 5 millièmes, et l'eau y aurait la profondeur de 65 à 80 centimètres, qui est nécessaire au flottage. La chute d'un bief à l'autre serait de 40 à 60 centimètres. L'auteur du projet est convaincu que des trains formés de bois très-long pourront descendre le canal en prenant, au passage des seuils, les inflexions nécessaires, sans être exposés à se rompre ni à se disloquer, et sans faire courir aucun risque aux conducteurs des trains. Si ce projet réussit, il aura démontré la possibilité d'opérer, par flottage, le transport des bois de construction dans les cours d'eau torrentiels des montagnes.

Matériaux et appareils de construction divers. — Une grande quantité de matériaux et d'appareils de construction ont figuré à l'Exposition de Vienne et ont été l'objet de récompenses. Une simple énumération serait sans intérêt, et l'appréciation de leur valeur nous aurait conduit à des détails que nous devons éviter. Nous mentionnerons toutefois comme produits très-remarquables les briques de grand échantillon fabriquées par la Société de construction Wienerberger à Vienne, et qui ont été exposées par elle, sous la forme d'un grand portail élégamment décoré, derrière le Palais des Beaux-Arts.

HONGRIE.

La section hongroise comprenait des travaux très-importants, que nous ne pouvons qu'indiquer sommairement.

Exposition des Ministères. — Le Ministère des travaux publics a exposé les plans et profils de tous les chemins de fer de la Hongrie.

Celui des finances a exposé un résumé et des spécimens du travail du cadastre, dont la triangulation est terminée, et dont les levés de détails sont très-avancés.

Il faut encore citer, en fait de travaux topographiques, un très-beau plan de la ville de Pesth, levé et exécuté avec la plus grande précision par M. l'ingénieur Halacsy.

[1] M. Deutsch était membre du Jury du groupe XVIII.

Exposition du Conseil des travaux publics de Pesth. — Ce Conseil, qui a été institué spécialement pour l'examen des questions techniques relatives aux travaux d'agrandissement et d'embellissement de la capitale de la Hongrie, a exposé un plan général des nouvelles voies dont l'établissement est décidé, et en particulier des dessins et des modèles concernant la rue Radiale de Pesth.

Cette avenue traverse des quartiers populeux très-mal desservis par des rues étroites, et aboutit au grand parc appelé en allemand *Stadt Wäldchen*. Elle a une longueur de 2,350 mètres. Sur environ le premier tiers de cette longueur, sa largeur est de 34 mètres; sur le reste du parcours, la largeur est de 45^{m},50. Elle est pourvue d'égouts, de conduites d'eau et de plantations, bordée de belles constructions d'un aspect varié, et présente dans son ensemble un caractère très-grandiose.

Les travaux étaient, au mois d'août dernier, achevés dans la première partie, et très-avancés dans les autres.

Le Jury a décerné un diplôme d'honneur au Conseil des travaux publics de Pesth.

Un diplôme d'honneur a été également décerné à la Ville de Pesth pour les nombreux édifices et pour l'ensemble des travaux d'amélioration dont elle poursuit l'exécution depuis huit ans.

Exposition de M. l'ingénieur Hertz, de Vienne. — Cet ingénieur a exposé une description complète du chemin de fer d'Alföld (dans les Carpathes) à Fiume (sur l'Adriatique), et qui est terminé et livré à la circulation entre Gross Wardein et Esseg, par Szegedin, sur 342 kilomètres.

Cette exposition comprenait les dessins du pont exécuté sur la Theiss, qui a également figuré dans l'exposition de la maison Korözy, de Gratz, et que nous avons mentionné dans la section autrichienne.

Elle comprenait, notamment, les dessins de la traversée du Danube par un bac porte-train, près de Zombos, en aval du confluent de la Drawe.

En ce point, les eaux du fleuve occupent une largeur de 500 mètres en étiage et de 1,300 mètres pendant les hautes eaux, qui s'élèvent à environ 7 mètres. Les rampes d'accès sont établies avec des déclivités de 17 à 20 millièmes. Toutes les dispositions pour l'installation et la manœuvre de bacs ont été calquées sur celles du passage du Rhin à Rheinhausen, dont nous parlerons dans le compte rendu de la section allemande.

Le bac est guidé, du côté d'amont, par un câble en fil d'acier tendu d'une rive à l'autre et retenu par des ancres. A son bordage d'aval sont adaptées des poulies autour desquelles s'enroule le câble moteur, à la manière des câbles de touage ordinaire, et le mouvement est imprimé par une locomobile placée sur le bac. Le tirant d'eau de ce ponton est d'environ 60 centimètres à vide et d'environ 80 centimètres à charge.

Il peut contenir huit voitures à voyageurs ou dix wagons de marchandises. On a installé deux bacs qui fonctionnent très-régulièrement depuis le mois de mai 1871.

Plan incliné de Bude. — M. Henry Wohlfohrt a exposé le modèle du plan incliné qui relie la partie basse de la ville de Bude, située au bord du Danube, à la partie haute située sur la montagne du Königsburg.

Ce chemin de fer, dont la longueur inclinée est d'environ 90 mètres, rachète une hauteur de 45 mètres, et présente ainsi une déclivité de 30 degrés[1]. Il est à deux voies, parcourues simultanément en sens contraire. Il présente cette particularité, que les machines motrices, au lieu d'être placées au sommet, le sont au bas du plan incliné. Cette disposition, qui a pour conséquence d'exiger un câble d'une longueur à peu près double et d'augmenter ainsi les résistances, a été adoptée à cause de l'insuffisance des emplacements disponibles au sommet. Le câble, qui porte un wagon montant et un wagon descendant, passe, en haut, sur une grande poulie, et ses deux bouts s'enroulent, en bas, sur des tambours de 3 mètres de diamètre, mis en mouvement par deux machines à vapeur accouplées. Ces tambours tournent, bien entendu, en sens contraire.

Les wagons sont divisés en trois compartiments et contiennent vingt-quatre voyageurs. Le cable est en fil de fer, et a 26 millimètres de diamètre. A charge pleine, il supporte une tension de 2,150 kilogrammes.

Pour prévenir les accidents en cas de rupture des câbles, on a employé un système de frein analogue aux parachutes usités dans les mines. Chaque voie est bordée par de fortes longrines en bois, établies à la hauteur du châssis du wagon. Les câbles, qui sont tendus pendant le mouvement, soulèvent des contre-poids placés sous le wagon. Lorsque la tension cesse pour une cause quelconque, la chute des contre-poids fait avancer et appuyer contre les longrines des disques dentés, au moyen d'un mécanisme très-simple. Chaque wagon porte deux freins fondés sur le même principe, quoique disposés différemment. En outre, de puissants freins sont adaptés aux tambours. On a constaté par des expériences qu'avec les seuls freins placés sous les wagons, et ceux-ci étant chargés d'un poids égal à celui de

[1] Ce plan incliné est notablement plus roide que celui de Léopoldsberg, que nous avons décrit dans la section autrichienne. Il est aussi beaucoup plus roide que celui de la Croix-Rousse, à Lyon, mais il est plus court. Ce dernier rachète une hauteur de 70 mètres, avec une longueur de 489m,20 et une déclivité de 0,1605.

vingt-quatre voyageurs, l'arrêt était à peu près instantané, accompagné seulement d'un recul de 50 centimètres.

Le plan incliné de Bude est très-fréquenté et fonctionne avec une régularité parfaite.

Objets relatifs au matériel des chemins de fer. — En fait de matériel de chemins de fer, il convient de mentionner un disque-signal manœuvré par un appareil électrique, d'une disposition très-simple, de M. Rammel (Rodolphe), de Fünfkirchen, ainsi que des croisements de voie, en fonte, de M. Ganz et Cie, de Bude. Ces croisements sont employés depuis quatorze ans sur le chemin de fer de Charles-Louis, à Przemysl. On assure qu'on n'y a encore pu reconnaître d'usure appréciable, résultat que justifie la qualité exceptionnelle de la fonte.

Ponts de Buda-Pesth.— Parmi les grands travaux entrepris par le Gouvernement de la Hongrie et par la Ville de Buda-Pesth, le plus remarquable est le pont monumental de l'île Marguerite, en construction sur le Danube. Cet ouvrage, qui est exécuté dans toutes ses parties par la maison E. Gouin, des Batignolles, est décrit dans la section française.

Un autre pont à travées métalliques est en construction sur le Danube à Pesth, pour le chemin de fer de raccordement entre les lignes situées sur les deux rives. La maison Cail, qui en a l'entreprise, n'a pas exposé cet ouvrage, dont les fondations étaient seules en cours d'exécution.

Lorsqu'on parle des ponts de Buda-Pesth, on ne peut se dispenser de mentionner le magnifique pont suspendu qui franchit le Danube par trois travées, dont celle du milieu a $208^m,70$ d'ouverture et les deux autres $82^m,30$ chacune. Ce pont, dont la construction remonte à 1849, n'a pas été représenté à l'Exposition de 1873.

Travaux hydrauliques. — Deux entreprises de travaux hydrauliques, dont les projets ont été exposés par le Ministère des travaux publics, méritent particulièrement d'être signalées : ce sont les travaux de la régularisation du Danube à Pesth et ceux de la régularisation de la Theiss, un des principaux affluents du fleuve.

Régularisation du Danube. — A son passage entre Pesth et Bude, qui forment aujourd'hui une seule ville désignée officiellement sous le nom de Buda-Pesth, le Danube, d'abord divisé en deux bras par l'île Marguerite, est ensuite réuni en un seul bras jusqu'au droit de la montagne de Blocksberg. A partir de ce point, où se termine la ville de Bude, le fleuve s'élargit, et se divise de nouveau en deux bras embrassant l'île de Csepel, qui a environ 13 kilomètres de longueur.

A la suite de cette île, le lit, d'une largeur excessive, est encombré de bancs de sable, et pendant l'hiver il est obstrué par des masses de glaces dont l'accumulation remonte jusqu'à Buda-Pesth, et y cause souvent des inondations désastreuses par le gonflement des hautes eaux.

Dans la traversée de la ville jusqu'au Blocksberg, et en y comprenant l'île Marguerite, les rives, généralement très-irrégulières, n'étaient fixées, jusqu'à ces dernières années, que le long de quais d'une étendue restreinte et nullement en rapport avec l'importance de ce port, qui est la tête de la navigation du Danube. En aval du Blocksberg, il n'existait aucun ouvrage de défense ou de régularisation des rives. Enfin le débit du fleuve est très-inégalement réparti entre les deux bras que sépare l'île Marguerite; le bras droit, placé du côté de Bude, est insuffisamment alimenté; le courant principal passe dans le bras gauche, et se dirige ensuite vers les quais de Bude, qui présentent une concavité assez marquée, tandis que ceux de Pesth suivent un tracé convexe. Les grands bateaux du Danube, dont le tirant d'eau est d'environ 3 mètres, trouvent aujourd'hui le mouillage nécessaire seulement contre une partie des quais de Bude, et ils ne peuvent accoster ceux de Pesth qu'après avoir été allégés d'une partie de leur chargement.

Pour remédier à cet état défectueux du fleuve, dans la traversée et en aval de Buda-Pesth, le Gouvernement du royaume de Hongrie a arrêté le programme ci-après :

Les deux bras, qui enveloppent l'île Marguerite sur une longueur de près de 2 kilomètres, seront régulièrement endigués, avec une largeur égale d'environ 240 mètres, et chaque pointe de l'île sera placée exactement dans l'axe du lit unique qui existe tant en amont qu'en aval, et auquel une largeur moyenne d'environ 400 mètres est assignée.

Entre l'île Marguerite et le Blocksberg, sur une longueur de près de 4 kilomètres, des murs de quais continus seront établis sur les deux rives, laissant au fleuve une largeur d'environ 400 mètres. Ces murs, fondés sur massifs de béton, s'élèveront à environ 5^{m},70 (18 pieds) au-dessus de l'étiage, et seront ainsi couronnés au niveau des hautes eaux. De vastes ports s'étendront en arrière de ces murs, et seront eux-mêmes bordés par les larges rues déjà existantes, lesquelles seront insubmersibles aux crues extraordinaires, qui n'atteignent pas 8 mètres au-dessus de l'étiage.

En aval du Blocksberg, et sur une longueur de 4,500 mètres, le Danube sera endigué dans un lit unique, ayant généralement environ 400 mètres de largeur, au moyen de digues submersibles élevées à 3^{m}.80 (12 pieds) au-dessus de l'étiage et s'arrêtant en tête de l'île de Csepel.

Le long de cette île, les eaux courantes du fleuve seront concentrées dans le bras droit, et à cet effet le bras gauche, dit de Soroksar, sera barré par une digue insubmersible ayant $7^{m},60$ de hauteur au-dessus de l'étiage.

Par l'endiguement régulier du Danube sur une longueur d'environ 12 kilomètres, on conquerra sur son lit de grandes surfaces de terrain dont la valeur viendra en déduction des dépenses. Celles-ci sont d'ailleurs justifiées complétement par les avantages qu'en retireront la navigation et la capitale de la Hongrie, désormais mise à l'abri des inondations.

Tel est le programme des grands travaux entrepris par le Gouvernement.

Ces travaux sont en cours d'exécution : au mois de juillet 1873, les quais étaient construits en grande partie, le bras de Soroksar était barré, et l'endiguement en amont et le long de l'île Marguerite était commencé.

Cet endiguement n'est pas assez avancé pour qu'on puisse apprécier les résultats qu'on a en vue d'obtenir pour le partage des eaux. Mais on aura toujours la ressource d'ajouter, à la pointe d'amont de l'île, une digue divisoire pour assurer au bras droit tout le débit nécessaire.

Les auteurs du projet paraissent compter qu'en aval de l'île Marguerite les courants convergents des deux bras donneront au thalweg du bras unique, dans la traversée proprement dite de Buda-Pesth, une direction médiane. Nous doutons que cet espoir se réalise, parce que, avec la forme courbe du lit, le courant principal, alors même qu'il serait détourné de la rive droite, côté de Bude, à la sortie du pont en construction en aval de ladite île, sera ramené, après un court trajet, vers cette rive concave.

Aujourd'hui le Danube se trouve déjà resserré, depuis l'île Marguerite jusqu'au Blockberg, dans une largeur d'environ 400 à 500 mètres, et les tracés des nouveaux quais diminueront faiblement ces largeurs. Les travaux projetés ne semblent donc pas devoir modifier très-notablement les profondeurs actuelles, sauf, toutefois, un certain creusement par les hautes eaux contenues entre des rives insubmersibles.

Quoi qu'il en soit, et quelque incertitude qui puisse régner sur les effets des travaux des deux bras de l'île Marguerite et de la traversée de Buda-Pesth, la partie du projet qui concerne la régularisation en aval du Blocksberg et le barrage du Soroksar ne comportent pas les mêmes réserves. Ces travaux ne peuvent qu'être favorables à la navigation. Leur influence pour diminuer les encombrements de glaces dans la traversée de la ville nous paraît moins certaine. La construction de quais réguliers et préservant les bas quartiers des inondations est d'ailleurs d'une utilité qui échappe à toute contestation, et l'ensemble des ouvrages dont nous venons donner une notion bien insuffisante constitue une entreprise hors ligne et des plus intéressantes en fait de régularisation de grands cours d'eau.

Régularisation de la Theiss. — La Theiss descend des Carpathes et se jette dans le Danube à environ 30 kilomètres en amont de Belgrade, après avoir parcouru une vallée très-large dont la grande fertilité n'est entravée que par de fréquentes inondations.

Le cours de la rivière est tellement sinueux depuis Tibisca Ublak, près de sa source, jusqu'au Danube, qu'il présente un développement de plus de 1,200 kilomètres dans une vallée d'environ 560 kilomètres. Sa pente moyenne, dans cette étendue, est inférieure à 4 centimètres par kilomètre, et elle n'est guère que de 1 centimètre par kilomètre sur les 200 derniers kilomètres qui précèdent son embouchure. La vitesse de ses eaux à la surface est au plus de 30 à 60 centimètres par seconde. Tous les printemps les eaux montent lentement, se maintiennent tout l'été à un niveau presque constant, et redescendent, à l'approche de l'hiver, vers leur étiage, qui a toujours lieu pendant les grands froids, entre les mois d'octobre et de mars.

Les crues annuelles s'élèvent généralement à une hauteur de 4^{m}.50 à 6 mètres au-dessus de l'étiage. A Szegedin, où le chemin de fer autrichien du Sud-Est traverse la Theiss, la plus grande crue connue (avril 1855) est montée à environ 8 mètres au-dessus de l'étiage.

Les inondations couvrent de vastes étendues, et, avant les travaux de régularisation dont nous allons parler, il y avait dans la vallée une centaine de mille hectares de marais très-insalubres.

Ces travaux consistent à redresser le cours de la rivière au moyen de coupures pratiquées à travers les méandres les plus prononcés. A cet effet, on se borne à creuser, en basses eaux, des canaux de dérivation de largeur restreinte, et les hautes eaux, naturellement appelées sur la direction la plus courte, achèvent d'approfondir et d'élargir le nouveau lit dans des conditions convenables pour la navigation et pour l'écoulement des crues. On ne réussit pas toujours du premier coup. Les coupures se comblent quelquefois pendant les hautes eaux. On est alors obligé de recourir à de puissants dragages; mais on arrive toujours à surmonter ces difficultés.

Le lit rectifié est bordé de digues insubmersibles espacées à une distance d'environ 400 mètres. On défend les berges contre les corrosions, mais seulement au fur et à mesure des besoins, et il paraît que, par suite de la grande largeur laissée à la rivière, ces défenses n'ont été nécessaires jusqu'à présent que sur un petit nombre de points. Les eaux, en crues, sont tellement limoneuses que les anciens bras se colmatent très-rapidement et deviennent cultivables.

Ces travaux, dont l'exécution est poursuivie avec persévérance depuis une vingtaine d'années, s'étendent à la vallée presque entière. Ils comprennent 108 coupures, qui diminueront la longueur de la rivière à peu près dans le rapport de 5 à 3, et la réduiront d'environ 1,180 kilomètres à 710 kilomètres. Sur ces 108 coupures, 39 sont déjà achevées, 22 sont très-avancées, 40 sont entamées et 7 seulement ne sont pas encore commencées.

La régularisation du lit est faite aux frais de l'État, mais l'établissement des digues est à la charge des riverains réunis en associations syndicales. Déjà vingt-neuf syndicats sont constitués, et, par la construction d'environ 1,200 kilomètres de digues, une surface d'environ 800,000 hectares est soustraite aux inondations. Les dépenses à la charge de l'État se sont élevées jusqu'à présent à environ 13 millions de francs, et celles correspondant aux digues ont atteint environ 50 millions. Ces sacrifices sont peu de chose en comparaison des bénéfices acquis.

Cette amélioration du régime d'une grande rivière, qui a déjà donné les résultats les plus satisfaisants pour la salubrité, l'agriculture et la navigation, présente un très-haut intérêt et appelle la sérieuse attention des ingénieurs. Sans doute la concentration des grandes crues dans un lit bien moins large que le champ d'inondation naturel, et leur plus rapide écoulement, conséquence forcée de la diminution d'emmagasinement, auront une influence plus ou moins sensible sur les débits maxima du Danube en aval de l'embouchure de la Theiss; mais il ne paraît pas qu'on se soit préoccupé de cet inconvénient, qui peut être sans gravité, et qui, en tout cas, serait fort secondaire en comparaison des immenses avantages que l'opération procure.

Le Jury a apprécié de la manière la plus favorable le mérite des travaux hydrauliques dont nous venons de rendre compte, et, prenant d'ailleurs en considération les autres travaux exécutés sous la direction du Ministère royal des travaux publics et des voies de communication, il a décerné un diplôme d'honneur à ce Ministère.

ALLEMAGNE.

L'exposition allemande était très-remarquable par les grandes proportions et les dispositions particulières de plusieurs ponts exécutés ou projetés, par d'importants travaux maritimes et par d'autres travaux hydrauliques très-intéressants.

Nous commencerons par rendre compte des expositions faites par les principales Administrations de chemin de fer. Nous aurons ensuite à mentionner quelques expositions particulières pour compléter ce qui concerne les voies de terre, et nous passerons à la description des travaux hydrauliques.

Direction royale des chemins de fer de Westphalie. — Cette direction, dont le siége est à Elberfeld, a exposé : 1° les dessins et des modèles des travaux d'un tunnel de 870 mètres de longueur récemment construit sur la ligne d'Aix-la-Chapelle à Welkenrædt; 2° le dessin du pont Roi-Guillaume sur le Rhin, près de Dusseldorf, sur la ligne de Dusseldorf à Eberfeld; 3° un modèle d'éclissage de rails.

Le souterrain dont il s'agit a été exécuté dans un terrain de formation crayeuse aquifère de peu de consistance. On a suivi, pour le percement et pour le revêtement maçonné, les procédés usités dans les cas analogues. De même, le modèle d'éclisses en porte-à-faux, appliqué sur le chemin de fer de Berg et de la Marche, n'a rien de nouveau.

Mais le pont sur le Rhin est un grand et bel ouvrage qui doit être signalé aux ingénieurs.

Sa longueur totale est de 841 mètres entre les culées extrêmes.

Il se compose de quatre travées métalliques de 103^{m},57 d'ouverture (330 pieds du Rhin), séparées par des piles de 6^{m},32 d'épaisseur moyenne, d'un pont tournant à deux passages de 13^{m},50, séparés par une pile de 8 mètres d'épaisseur, et de quinze arches d'inondation en maçonnerie de 19 mètres d'ouverture.

Le pont tournant, dont le mécanisme de rotation est placé sur la pile, comme dans tous les ponts semblables, ne présente aucune disposition nouvelle à mentionner. Il en est de même des arches en maçonnerie.

Quant aux grandes travées, elles sont supportées par des poutres à longeron supérieur parabolique, ayant 7 mètres de hauteur aux points d'appui et 13^{m},60 au milieu des travées. Les pièces verticales et inclinées qui relient les deux longerons présentent la disposition que nous avons déjà expliquée à l'occasion des grands ponts de la Hollande, et qui est très en faveur en Allemagne. Il a toutefois été introduit une innovation qui ne doit pas passer inaperçue.

Ces sortes de poutres sont ordinairement discontinues au-dessus des piles, et, en effet, elles ont en ces points leur moindre hauteur, tandis qu'en cas de continuité la valeur des moments fléchissants y serait la plus grande. Mais ici les deux poutres contiguës sur une pile sont assemblées par un système de liens additionnels dont voici la disposition.

Les montants qui terminent les deux poutres sont espacés à un intervalle égal à l'espacement des autres montants des deux poutres, en sorte que ces montants extrêmes, réunis en haut et en bas par des barres horizontales, forment au-dessus de la pile le cadre d'un compartiment rectangulaire qui est rempli par une croix de Saint-André. A partir des deux montants latéraux de ce compartiment, et en allant vers le milieu de chaque poutre, les tirants obliques sont inclinés de haut en bas vers ce milieu, ainsi que cela a lieu dans toutes les poutres de cette espèce. Mais, dans le cas présent, on a ajouté deux pièces inclinées en sens contraire, qui partent du pied du montant extrême, et aboutissent au haut des deux montants voisins.

Les pièces établissant la liaison des poutres au-dessus des piles n'ont été mises en place qu'après que les travées étaient achevées et portaient toute leur charge permanente. Elles ne sont destinées à travailler que sous l'action des surcharges correspondant au passage des trains, et elles contribuent alors à la rigidité du système. Il est toutefois difficile de déterminer exactement par avance les efforts qu'elles subiront en réalité, et dans quelle mesure elles soulageront les poutres elles-mêmes.

Le tablier du pont, qui porte deux voies ferrées, a une largeur de 8m,55. Il est élevé à une hauteur d'environ 16 à 17 mètres au-dessus de l'étiage. Deux des piles du grand pont ont été fondées à l'air comprimé, à une profondeur de 10 mètres sous cet étiage. Les autres fondations sont établies sur massifs en béton contenus dans des enceintes de pieux et palplanches.

Le poids total du fer qui entre dans la construction du grand pont est d'environ 2,900,000 kilogrammes. La dépense pour l'ensemble des ouvrages s'est élevée à environ 4,250,000 francs.

Les travaux, commencés en 1867, ont été terminés en 1870.

Pont de Domitz sur l'Elbe. — La direction de la Compagnie du chemin de fer de Berlin à Hambourg a exposé les dessins du pont construit sur l'Elbe à Domitz, avec le modèle d'un caisson de fondation à l'air comprimé.

Ce pont, qui a une longueur totale de 1,011 mètres, se compose de quatre travées métalliques de 65 mètres de portée, accompagnées, sur chaque rive, d'un pont tournant à deux passes de 13m,20 de largeur et de seize travées d'inondation de 32 mètres d'ouverture.

Toutes les travées sont supportées par des poutres à longerons supérieurs paraboliques et discontinus au-dessus de chaque pile. Le treillis de ces poutres est du même système que celui du pont Roi-Guillaume, sans que toutefois il y ait aucun assemblage entre les poutres contiguës. Les ponts tournants présentent également des dispositions analogues.

La fondation des piles à l'air comprimé ne donne lieu à aucune observation particulière, si ce n'est qu'une seule machine envoyait l'air comprimé à plusieurs caissons à la fois, bien qu'ils fussent à des profondeurs différentes et que les maçonneries n'eussent pas d'enveloppes en tôle.

Pont de Hamersten sur l'Elbe. — La Compagnie du chemin de fer de Magdebourg à Halberstad a exposé les dessins d'un grand nombre d'ouvrages, parmi lesquels le pont construit sur l'Elbe, entre Schönhausen et Hamersten, mérite une mention particulière.

Il se compose de cinq grandes travées de 62^{m},80 d'ouverture, d'un pont tournant à deux passes de 14 mètres, séparées par une pile de 8 mètres, et de douze travées d'inondation de 37^{m},70 d'ouverture.

Toutes ces travées sont supportées par des poutres de forme parabolique discontinues au-dessus des piles, dans le même système que le pont de Domitz. Le pont tournant ne présente non plus aucune disposition nouvelle. La rotation se fait sur un pivot central et sur une couronne de galets, et au repos les deux abouts sont calés au moyen d'excentriques.

Exposition de la Compagnie du chemin de fer de Cologne à Minden. — Cette Compagnie a exposé les dessins des principaux ouvrages du chemin de fer qu'elle construit dans le nord de l'Allemagne. Cette ligne part de Vanloo (Hollande), traverse le Rhin à Wesel et le Weser en amont de Brême, et aboutit à Harbourg et à Hambourg.

Les plus importants de ces ouvrages sont : le pont de Wesel, composé de trois grandes travées de 58^{m},40 d'ouverture et de quinze travées d'inondation de 26^{m},40 de portée : le passage du Weser et la gare de Brême ; les deux ponts de Hambourg et de Harbourg sur les deux bras de l'Elbe ; la gare de Hambourg, placée tout près des bassins du port maritime dans les conditions les plus favorables. Nous ne pouvons donner la description de toute cette exposition, qui a valu à la Compagnie de Cologne à Minden un diplôme d'honneur. Nous ferons seulement connaître avec quelques détails les dispositions, en partie nouvelles, des ponts de Hambourg et de Harbourg, qui ont été livrés à la circulation le 1er décembre 1872.

Le pont de Hambourg se compose de trois grandes travées de 102 mètres (325 pieds) d'ouverture et de quatre travées d'inondation (deux sur chaque rive) de 21^{m},67 (69 pieds) d'ouverture.

Le pont de Harbourg se compose de quatre grandes travées de 102 mètres et de quatre travées d'inondation (deux sur chaque rive) de 16^{m},50 (52 pieds 7 pouces) d'ouverture.

Ces deux ponts donnent passage à deux voies de fer. Ils comprennent, en outre, deux trottoirs établis en encorbellement à l'extérieur des arcs auxquels le tablier est suspendu dans les grandes travées.

Le tablier des travées d'inondation est porté par des arcs en tôle dans le premier pont et par des poutres en treillis dans le second.

Dans les deux ponts, les grandes travées sont construites dans un système identique, qui rappelle celui qui a été employé pour la première fois par Brunel fils au pont Royal-Albert, à Saltash, sur le bras de mer qui sépare le comté de Cornouailles du Devonshire[1], et qui a encore reçu d'autres applications, notamment au pont de Mayence sur le Rhin.

Le tablier est suspendu à deux arcs à courbures opposées, se joignant au-dessus des supports en maçonnerie qui surmontent les piles. Mais, tandis que dans les ponts que nous venons de citer les deux arcs sont reliés par des montants et des croix de Saint-André, de manière que le tout forme une poutre rigide rentrant dans le système général des *bowstrings*, les deux arcs sont ici indépendants l'un de l'autre dans l'intervalle de leurs points de réunion extrêmes. Il n'y a dans cet intervalle que des tiges verticales qui transmettent le poids du tablier également aux deux arcs. La poussée du premier est ainsi équilibrée par la tension de l'autre. Chacun de ces arcs est composé de deux plates-bandes concentriques reliées entre elles par des montants verticaux et des croix de Saint-André. Ils ont une hauteur d'environ 4 mètres et une flèche d'environ 8 mètres, en sorte que la hauteur totale du système des deux arcs, au milieu d'une travée, est d'environ 24 mètres. Au-dessus des supports, les arcs convexes et concaves s'entre-croisent sans discontinuité, de manière que l'arc convexe d'une travée est prolongé par l'arc concave de la travée suivante, et réciproquement. Les arcs supérieurs sont fortement contreventés dans toute leur étendue. Aux points d'appui, il y a des rouleaux de friction en vue des mouvements résultant des variations de température.

Pendant ces mouvements et pendant ceux qui sont produits sous l'action des charges mobiles, le poids du tablier reste-t-il également réparti entre les deux arcs? Il en serait ainsi sans doute si la déformation des arcs se faisait de manière que les courbes de pression et des tensions restassent symétriques par rapport à la ligne horizontale passant par les points d'entre-croissement au-dessus des piles. Mais, en réalité, l'équilibre de l'ensemble du système des trois travées peut exister sans cette symétrie. Nous ignorons comment cette objection peut être élevée. Nous reconnaissons toutefois qu'en pratique on peut y répondre en se fondant sur la grande marge que la limite de tension adoptée dans les calculs de stabilité réserve aux écarts possibles.

Si l'on compare le système de pont à celui des poutres, dont toutes les parties sont reliées ensemble, on lui trouvera peut-être l'avantage d'une transmission directe des charges aux pièces qui subissent les plus grands efforts et d'une répartition plus régulière de ces efforts; mais il doit pré-

[1] *Cours de mécanique* de M. Édouard Collignon, p. 357. Le pont de Saltash a deux travées de 138^{m},68 d'ouverture chacune.

senter moins de rigidité et ne procurer en définitive aucune économie notable dans le poids des fers.

Quoi qu'il en soit, les deux ponts de Hambourg et de Harbourg sont deux constructions très-remarquables et d'un aspect grandiose.

Exposition de la Compagnie des chemins de fer rhénans. — Cette Compagnie a exposé : 1° les dessins de la traversée du Rhin par un bac porte-train, à Rheinhausen ; 2° les dessins du pont destiné à remplacer ce bac ; 3° un modèle d'échafaudage pour construction de tunnels ; 4° un modèle de voie ferrée.

Le bac porte-train de Rheinhausen, en face de Duisbourg, avait déjà figuré à l'Exposition de 1867 [1]. Il a d'ailleurs été décrit en détail dans un mémoire de M. Hartwich, directeur de la construction, dont une traduction a été insérée aux *Annales des ponts et chaussées* [2]. Nous ne pouvons donc que nous en référer à cet intéressant document.

Le pont destiné à remplacer ce passage d'eau, et qui est en construction, se compose de quatre travées de 96m,67 d'ouverture, d'un pont tournant à deux passes de 13m,10 de largeur, et de vingt-deux arches d'inondation de 15m,69 d'ouverture (seize sont situées sur la rive gauche et six sur la rive droite) en maçonnerie de briques et en arc de cercle.

Les grandes travées présentent des dispositions à peu près identiques à celles de même ouverture (96m,67) du beau pont de Coblentz sur le Rhin, qui a figuré à l'Exposition de 1867. La charpente métallique de chaque travée se compose principalement de deux arcs dont les naissances sont inférieures au tablier et dont les sommets le dépassent d'environ 3 mètres. Chacun de ces arcs, dont la flèche est d'environ 9 mètres, se compose de deux arcs concentriques distants d'environ 3 mètres, et reliés ensemble par des montants verticaux et des croix de Saint-André.

Le tablier est à une hauteur d'environ 17 à 18 mètres au-dessus du zéro de l'échelle de Dusseldorf. Il porte deux voies de fer et, en outre, deux trottoirs pour piétons.

Les piles et les culées ont été fondées sur des massifs de béton de 4 mètres d'épaisseur, contenus dans des enceintes de pieux et palplanches défendues par des enrochements.

Les travaux sont projetés et exécutés sous la direction de M. Hartwich, directeur de la construction de la Compagnie rhénane.

L'échafaudage pour souterrain, dont le modèle était à l'Exposition,

[1] *Rapports sur les travaux publics et constructions civiles*, p. 146.

[2] Traduction de M. Muntz, ingénieur en chef des ponts et chaussées. Année 1871, 2e semestre, p. 35.

avait servi au percement d'un tunnel sur le chemin de fer de l'Eifel, dans un terrain composé d'argile et de sable. Le fer y est employé pour les pièces les plus exposées à fléchir, afin de donner au passage libre plus de largeur et plus de hauteur.

Quant à la voie de fer représentée par un second modèle, elle est formée de rails Vignole fixés sur de larges longrines en fer, plates et renforcées par des nervures, au moyen de crampons et de boulons. Des rondelles en tôle mince sont placées sous l'écrou de chaque boulon pour augmenter le serrage, et elles sont relevées par un coin, afin d'empêcher l'écrou de tourner et de se détacher. A part ce petit détail, qui est vraisemblablement bien connu, les avantages que la Compagnie exposante attribue à ce système de voie tiennent sans doute à des circonstances locales que nous ne connaissons pas.

Un diplôme d'honneur a été décerné à la Compagnie des chemins de fer rhénans, tant pour le bac porte-train de Rheinhausen que pour le pont qui le remplacera.

Exposition de la Compagnie du chemin de fer de Berlin à Stettin. — Cette Compagnie a exposé les dessins d'un pont tournant sur l'Oder et d'un viaduc sur la Silberwiese, ainsi que des travaux d'agrandissement de la gare de Stettin.

Dans cette exposition, il y a à citer, comme présentant une disposition nouvelle, le mode de fondation à l'air comprimé de la pile circulaire du pont tournant. L'enceinte de la chambre de travail était en maçonnerie sous revêtement en tôle. La couronne inférieure, qui était seule en fer, était reliée au tuyau ascenseur par une forte charpente en bois, et le tout était suspendu à des chaînes jusqu'à ce que la couronne eût atteint le fond. On n'a d'abord élevé au-dessus de la chambre de travail qu'un anneau de maçonnerie en briques; puis on a rempli l'intérieur lorsque le foncement avait donné une bonne assiette à la construction. Ce mode de fondation, qui a été appliqué avec économie et succès à une pile circulaire, peut sans doute être étendu à des piles de forme oblique, mais avec moins d'avantage et de sécurité.

Pont d'embarquement de Norderney. — L'Administration des chemins de fer de l'État de Prusse a exposé le modèle et les dessins d'un pont d'embarquement exécuté à Norderney par M. Tolle, inspecteur des travaux hydrauliques.

Ce pont comprend seize travées de $17^{m}.50$ de portée, dont la dernière s'appuie sur un ponton d'embarquement. Le tablier, formé d'une charpente en bois, est porté par des palées en fer montées sur des basses palées composées chacune de deux pieux à vis. Cette construction, très-bien entendue dans ses détails, est disposée de manière à pouvoir être démontée facilement et enlevée en entier à l'époque des glaces.

Exposition de la Compagnie du chemin de fer de Berlin à Potsdam et à Magdebourg. — Cette Compagnie a exposé de nombreux dessins et notices concernant les travaux exécutés par elle, notamment le pont sur l'Elbe à Magdebourg, les gares de Berlin et de Magdebourg, ainsi que divers appareils en usage dans ces gares. Ces travaux, fort importants, mais remontant à plusieurs années, ne comportent pas de description sommaire.

Exposition de la Commission royale wurtembergeoise des chemins de fer. — Cette exposition comprenait des dessins très-complets des divers ouvrages exécutés sur six lignes, et dont les plus remarquables étaient un pont sur le Danube à Scheer, et un viaduc sur le Kocher. Ces ouvrages, qui ne présentent ni proportions ni dispositions extraordinaires, ne donnent lieu à aucune observation particulière.

Passerelle de Francfort-sur-Mein. — M. Schmidt, de Francfort, a exposé le dessin de la passerelle suspendue qu'il a construite en 1869, dans cette ville, sur le Mein, et qui présente une disposition particulière.

Elle se compose d'une travée centrale de 88 mètres d'ouverture et de deux travées latérales de 44 mètres.

Le tablier est suspendu à des arcs paraboliques de même paramètre, comme dans les ponts suspendus ordinaires, les paraboles des travées latérales ayant leur sommet contre les culées. La charpente de ce tablier est en fer et présente une grande rigidité. Ses longerons sont reliés aux arcs par des montants verticaux espacés de 3 en 3 mètres environ, et par des pièces inclinées joignant successivement le pied d'un montant au sommet du montant qui suit en allant vers les points bas des arcs paraboliques. Le système de suspension constitue ainsi deux fermes symétriquement semblables à celles des ponts où le tablier est placé au-dessus des arcs, sauf que les éléments qui sont tendus dans un cas sont comprimés dans l'autre, ou réciproquement. Il y a encore à noter qu'il existe une articulation aux arcs de la travée centrale, au milieu de cette travée, dans le but de limiter les écarts que les déformations résultant des surcharges additionnelles font éprouver aux diagrammes qui servent de base aux calculs de stabilité.

Le système de pont dont nous venons de donner une idée est sans doute de nature à soulever des objections, et ne trouvera peut-être pas beaucoup d'applications. Il présente, à la vérité, une bien autre rigidité que les ponts suspendus ordinaires; mais ceux-ci conservent l'avantage d'une économie considérable, qui est toujours le motif déterminant de leur adoption. Du reste, ce n'est pas avec ces ponts, mais avec le système des poutres supérieures au tablier, que la comparaison doit être faite, et elle ne nous paraît pas devoir être en faveur de la passerelle de Francfort.

Expositions diverses. — La section allemande de l'Exposition comprenait divers modèles de voies ferrées, de changements de voie, de plaques tournantes, grues et autres appareils concernant l'exploitation des chemins de fer. Nous nous bornerons à mentionner, comme étant dignes d'examen, ceux de ces objets auxquels le Jury a décerné des médailles, savoir : un modèle de voie du système Hilf, de la direction royale prussienne des chemins de fer siégeant à Wiesbaden; des plaques tournantes, des changements de voie, et une grue hydraulique de la maison Windhoff et Cie, de Lingen (Hanovre); un appareil de la maison Schnabel et Hennig, de Bruchsal (Bade), pour la manœuvre des aiguilles par l'eau comprimée, appareil ingénieux, mais paraissant trop compliqué pour être bien pratique.

Distribution d'eau sur le plateau de la Rauch-Alb. — Sur le tronçon des montagnes jurassiques que la vallée du Rhin sépare du Jura franco-suisse, il existe, à une élévation moyenne de 750 à 850 mètres au-dessus de la mer, un vaste plateau d'environ 33 kilomètres de longueur du nord au sud, très-accidenté et coupé par des vallées escarpées et profondes dont les eaux coulent soit vers le Rhin, soit vers le Danube. Ce plateau, situé dans la Souabe wurtembergeoise, et appelé *la Rauch-Alb*, était naguère soumis à des sécheresses excessives. Les eaux pluviales se perdant par les fissures du sous-sol rocheux, on n'avait que la ressource insuffisante de citernes recueillant l'eau des toits, et presque chaque année on était obligé d'aller chercher au fond des vallées, à des distances de 10 et 12 kilomètres, l'eau nécessaire aux habitants et à leur bétail.

Pour remédier à cette situation déplorable, le Gouvernement wurtembergeois a entrepris l'exécution d'un grand système de distribution d'eau, qui s'étend à tout le plateau, et dont les travaux, achevés en grande partie, ont été représentés à l'Exposition par des modèles et par des dessins.

Les endroits habités forment huit groupes distincts; chaque groupe a ses machines élévatoires et un ou plusieurs réservoirs particuliers. L'eau, prise dans les vallées, est refoulée dans les bassins par des pompes actionnées par des moteurs hydrauliques, et conduite dans tous les villages par des tuyaux en fonte.

Les dépenses sont supportées, pour les trois quarts, par les communes, et pour un quart, par l'État, qui prend en outre à sa charge les frais de direction des travaux.

Cette grande entreprise, dont la conception et l'exécution sont très-remarquables, présente une utilité de premier ordre. Le Jury lui a attribué un diplôme d'honneur, décerné au Ministère de l'intérieur du royaume de Wurtemberg.

Travaux de régularisation du Rhin. — La Direction des travaux hydrauliques et des voies de terre du grand-duché de Bade a exposé un recueil de lois et ordonnances et de notices statistiques concernant l'établissement et l'entretien des routes, et en outre deux cartes très-bien faites d'une partie du cours du Rhin, dans son état ancien et dans son état nouveau.

L'endiguement du Rhin, depuis Bâle jusqu'à la limite inférieure du département du Bas-Rhin, a été exécuté, comme on le sait, suivant des tracés arrêtés par une Commission internationale française et badoise, et les endiguements de la rive gauche étaient à peu près achevés, lorsque l'Alsace a été séparée de la France. Ces travaux, qui remontent à un grand nombre d'années, ayant été décrits depuis longtemps, nous n'avons pas à en rappeler les dispositions.

En raison des améliorations considérables qui en sont résultées pour le régime du fleuve, et en considération des sacrifices que le Gouvernement badois s'est imposés comparativement à ses ressources budgétaires, le Jury a décerné un diplôme d'honneur à la Direction des travaux hydrauliques et des voies de terre du grand-duché.

Travaux du port et de la ville de Hambourg. — La Députation des travaux de Hambourg (*Baudeputation in Hambourg*) a fait une exposition des plus intéressantes, comprenant des murs de quai en construction, le réseau des égouts et la distribution d'eau.

Un plan en relief, très-détaillé et très-bien fait, donnait une idée exacte de la situation, de ce grand port de commerce, dont les quais, couverts de hangars, sont munis de tout l'outillage nécessaire, et dont les bassins et les canaux pénètrent très-avant dans la ville. Ces bassins communiquent librement avec l'Elbe, et le niveau de leurs eaux suit, par conséquent, les oscillations de la marée; celles-ci n'ont du reste que 1^{m}.86 d'amplitude entre les basses eaux et les hautes eaux moyennes. Cependant les basses eaux s'abaissent souvent jusqu'à $1^{m}.72$ au-dessous de leur niveau moyen, et ne laissent alors qu'un mouillage d'environ $4^{m},50$ contre les nouveaux murs de quai des deux principaux bassins appelés *Sandthorhafen* et *Grasbrookhafen*. Quoi qu'il en soit, il semble qu'on n'a pas reconnu la nécessité de créer des bassins à flot fermés.

Le mode de construction des deux quais que nous venons de citer, et qui portent les noms de *Kaiserquai* et *Grasbrookquai*, est semblable à celui qui a été appliqué au bassin à flot de Bordeaux, mais avec des dimensions bien moindres et dans des conditions beaucoup plus faciles. Voici comment on procède à Hambourg :

Les murs de quai sont composés d'une série d'arcades dont chaque pile repose sur un grand bloc parallélipipédique en béton. Ce bloc, évidé en forme de caisson ou de puits, est construit sur place, et une drague verticale à vapeur enlève la terre à l'intérieur. Le bloc est ainsi foncé verticalement jusqu'à une profondeur de $8^{m},60$ en contre-bas du niveau des hautes mers moyennes. Le couronnement du quai étant à $2^{m}.87$ au-dessus de ce même niveau, son élévation au-dessus de la base des blocs est de $11^{m},47$. Le fond du bassin, contre le mur de quai, est dragué à 8 mètres au-dessous des hautes mers moyennes, en sorte que les blocs restent engagés de 60 centimètres dans le sol. Le terrain est un sable argileux assez meuble, mais homogène. Le fonçage des blocs se fait, nous a-t-on assuré, avec une grande régularité. Lorsqu'un bloc est descendu à la profondeur voulue, et après que le vide intérieur a été rempli en béton, on le soumet à une charge d'épreuve de 650,000 kilogrammes. A cet effet, on amène, à mer haute, au-dessus du bloc, une grande caisse flottante en tôle, en forme de tronc de cône renversé de 10 mètres de hauteur, et on la fait échouer, à mer basse, en la remplissant d'eau. On s'assure ainsi que les blocs présentent la stabilité nécessaire pour porter le poids des voûtes. Les vides de celles-ci sont fermés, avant l'exécution des remblais, par des cloisons en charpente presque verticales.

La fondation par blocs évidés a été appliquée à Hambourg, à ce qu'il nous a été dit, à partir de 1868. Elle daterait ainsi à peu près de la même époque que son application au bassin à flot de Bordeaux, d'après une proposition présentée en octobre 1867 et approuvée par une décision ministérielle du mois de novembre suivant. La question de priorité de ce mode de fondation, qui n'est qu'une extension du procédé employé de temps immémorial par les puisatiers, ne saurait du reste se poser ici; car il a été employé dans des travaux exécutés dans les ports de Saint-Nazaire, Rochefort et Lorient (de 1856 à 1862), et qui ont figuré à l'Exposition de Londres en 1862 et à celle de Paris en 1867.

A l'exception des deux quais fondés sur blocs en béton, tous les autres quais de Hambourg sont établis sur pilotis, et beaucoup sont soutenus par des revêtements en charpente. Tel est le Sandthorquai, dont un modèle était exposé. On y remarquait une disposition très-rationnelle des pieux qui portent les montants de la charpente. Chaque montant s'appuie sur un petit massif en maçonnerie qui coiffe un groupe de pieux dans lequel les pieux extérieurs ont une inclinaison marquée du dedans en dehors sur tout le pourtour du montant, de manière à augmenter, dans tous les sens, la résistance au déversement.

Les hangars et magasins qui bordent la plupart des quais sont entièrement en bois. Le modèle des hangars du Kaiserquai faisait encore voir que, pour chaque montant, les pieux de fondation sont battus en éventail autour d'un pieu central vertical.

Les travaux du port de Hambourg sont exécutés sous la direction de M. l'ingénieur en chef Dahlmann, et ont valu un diplôme d'honneur à la Députation administrative qui les a présentés à l'Exposition.

Cette députation a, en outre, exposé la description de tout le système de la canalisation et de la distribution d'eau de la ville.

Les travaux d'égout, qui ont été entrepris dès 1845, présentaient des sujétions difficiles à surmonter pour le passage sous les nombreux canaux qui sillonnent la ville et contre l'irruption des hautes eaux de l'Elbe. Ces égouts sont en maçonnerie de briques et ciment. Ils se composent comme il suit :

Égouts collecteurs à section circulaire de 3 mètres de diamètre, ayant une longueur de............	3,200 mètres.
Égouts ordinaires dont la largeur varie entre $1^m.72$ et $2^m,15$, et la hauteur entre $2^m,05$ et $2^m,58$, ayant une longueur de......................	4,350
Les types des profils de ces égouts sont sujets à critique, en ce qu'ils sont formés de deux demi-cercles raccordés par des lignes droites verticales.	
Petits égouts et aqueducs dont la largeur varie de $0^m,57$ à $1^m,43$, et la hauteur de $0^m,86$ à $1^m,72$..	104,213
Développement total...........	111,763 mètres.

Les égouts, dont les collecteurs débouchent dans l'Elbe, reçoivent non-seulement les eaux pluviales et ménagères, mais encore toutes les matières des fosses d'aisances. Le nettoyage se fait par des chasses au moyen d'un grand bassin de retenue qui s'alimente par les eaux de la rivière d'Alster et aussi par celles de l'Elbe à haute mer. Les appareils dont on fait usage ne présentent aucune disposition nouvelle. La question de l'utilisation des eaux d'égout pour l'agriculture est à l'étude.

La distribution d'eau remonte, comme les égouts, à 1845. Le bâtiment des machines, dont un modèle a été exposé, est situé à une petite distance en amont de la ville sur le bord de l'Elbe. L'eau est prise dans le fleuve en deux endroits, et amenée par des aqueducs dans un bassin de dépôt communiquant avec les puits où plongent les tuyaux d'aspiration. Les eaux sont refoulées dans le réseau des tuyaux de conduite par quatre machines du système de Cornouailles, ayant ensemble une force de 500 chevaux, et par une cinquième machine du système Woolf, de la force de 350 chevaux. Dans une tour de 73 mètres de hauteur et qui contient la cheminée des machines, sont placés deux tuyaux qui peuvent être mis en communication à deux hauteurs différentes, et dans lesquels environ la moitié de l'eau est élevée à une hauteur de 40 mètres pour les consommations de la journée, et à 60 mètres pendant quelques heures de la nuit. L'autre moitié de l'eau passe dans un régulateur de pression placé dans un bâtiment spécial.

La quantité totale fournie par les machines passe d'abord par un gros tuyau de $1^{m},22$ à $1^{m},83$ de diamètre, exécuté partie en fer forgé, partie en fonte. Elle se partage ensuite entre quatre conduites principales, dont deux ont 51 centimètres de diamètre, la troisième 61 centimètres et la quatrième 91 centimètres. Les conduites de distribution sont de grosseur variable. Le développement total de toutes les conduites dépasse 55 kilomètres.

On a construit des réservoirs en trois points du réseau pour compenser les différences entre l'arrivée et la consommation de l'eau. Deux de ces réservoirs ont une capacité de 2,350 mètres cubes; celle du troisième est de 9,400 mètres cubes. Le plan d'eau dans les réservoirs, quand ils sont pleins, est à environ 30 mètres au-dessus du zéro de l'échelle du port. L'un des petits réservoirs est en fonte, et est établi sur un soubassement en maçonnerie de 12 mètres de hauteur; les deux autres sont entièrement en maçonneries et en contre-bas du sol. Ils sont recouverts d'une couche de terre de $1^{m},40$ d'épaisseur, pour conserver à l'eau une température plus égale.

Des bouches de secours contre les incendies sont placées à des distances de 40 mètres dans la ville et dans les faubourgs, et à des distances de 150 mètres dans les quartiers extérieurs.

La consommation diurne s'est élevée, durant l'été de 1872, à 60,000 mètres cubes au maximum.

Le prix annuel de la fourniture de l'eau est de 24 silbergroschen (3 francs) pour chaque chambre ou pièce d'habitation, cabinet de bain, watercloset ou cuisine. Le prix est seulement de 18 silbergroschen pour les logements dont les loyers sont de 60 à 80 thalers (de 225 à 300 fr.), et de 12 silbergroschen (1 fr. 50 cent.) pour les loyers qui ne dépassent pas 60 thalers (225 francs).

L'eau fournie aux usines et autres grands établissements est mesurée au compteur et payée à raison de 1 silbergroschen le mètre cube.

Pendant les six années de 1867 à 1872, la consommation d'eau est toujours allée en augmentant, et cela dans un rapport plus grand que le nombre des consommateurs. La consommation annuelle, tant pour les usages domestiques que pour les services publics, a varié entre 13,167,781 et 18,708.017 mètres cubes. Le nombre approximatif des habitants des quartiers desservis par la distribution a varié entre 256,000 et 296,000 habitants, d'où l'on déduit que la consommation journalière correspond à un volume de 141 litres à 173 litres par habitant.

Ces résultats montrent que la ville de Hambourg se trouve dans une situation très-bonne sous le rapport de l'alimentation d'eau, mais inférieure cependant à celle de beaucoup de grandes villes, et notamment de Paris, qui dispose déjà de 190 litres par jour et par habitant, et qui en aura 227 litres après l'achèvement des travaux de dérivation des sources de la Vanne.

Forme de radoub de la Compagnie des paquebots transatlantiques de Hambourg. — Cette Compagnie a exposé le modèle d'une forme de radoub qui a une longueur d'environ 120 mètres, une largeur de 18^{m},50 dans le haut et de 13^{m},40 dans le bas, et une profondeur de 6^{m},70. Elle peut recevoir des navires de 110 mètres de longueur et calant 5^{m},50.

Elle est entièrement en maçonnerie. Les murs latéraux de la forme ont cinq cours de gradins et le radier est profilé en arc de cercle. Elle a été construite à l'abri d'un batardeau soutenu par une charpente établie sur pilotis. Elle est fondée sur un massif général de béton d'environ 2 mètres d'épaisseur, reposant sur un fond de sable. Cette fondation a offert de grandes difficultés à cause des filtrations à travers des sables mouvants, et le batardeau, rompu plusieurs fois, a subi de nombreuses avaries.

La forme est fermée par un bateau-porte en fer, dont le profil transversal, renflé dans la partie inférieure, ressemble à celui qui est le plus généralement adopté, et est notamment analogue à celui des bateaux-portes des formes de radoub du bassin de la Citadelle au Havre. Les bords du bateau (étrave et étambot) sont très-peu inclinés par rapport à la verticale.

Pour l'échouage du bateau, l'eau de remplissage des caisses étanches est fournie par un petit réservoir monté sur une tourelle placée sur l'un des bajoyers de l'écluse d'entrée. L'épuisement se fait en deux heures au moyen de deux puissantes pompes à vapeur. Une petite machine distincte sert ensuite à maintenir le bassin à sec.

Formes flottantes de Hambourg. — Le port de Hambourg ne possède encore que deux formes sèches en comptant celle dont la description précède. Mais il doit être doté d'un grand établissement de radoub, dont les travaux sont commencés. En attendant, on fait usage de trois formes flottantes entièrement en bois.

Ce sont de grands pontons, ouverts par les deux bouts, dont le fond et les deux murailles latérales sont divisés par des cloisons en compartiments étanches, et qu'on fait enfoncer ou remonter en emplissant d'eau ou en vidant ces compartiments. Ces pontons se divisent d'ailleurs en plusieurs sections qui sont assemblées par de grands verroux.

Ce système, depuis longtemps employé en Amérique, notamment à Philadelphie et à New-York[1], a déjà été exposé en 1867 à Paris[2]. Nous pouvons donc nous dispenser de décrire en détail le modèle qui a figuré à l'Exposition de Vienne. Il se composait de cinq sections, et sa charpente était bien disposée, sans présenter rien qui mérite une mention particulière. Parmi les détails de construction, on pouvait remarquer l'arrangement des guides transversaux placés sur le couronnement des murailles latérales. Ils étaient munis de crémaillères de façon à pouvoir être avancés ou reculés au moyen d'un treuil, et arrêtés par la languette d'une roue à rochet. Ces guides devaient d'ailleurs servir d'accores horizontaux pour contribuer à maintenir le navire en position.

Nous ne connaissons pas le prix des formes flottantes de Hambourg, et ce n'est pas ici le lieu de discuter leurs avantages ou leurs inconvénients comparativement aux formes sèches. D'après les renseignements qui nous ont été donnés, elles sont considérées comme étant très-économiques; mais cette appréciation suppose, bien entendu, que les bassins de navigation laissent des emplacements disponibles qui ne peuvent être mieux utilisés. Quoi qu'il en soit, ces formes sont jugées insuffisantes, et de nouvelles formes sèches sont en voie d'exécution, comme nous le disons plus haut.

[1] *Rapport de mission en Amérique* de M. Malézieux, p. 403.

[2] *Rapports sur les travaux publics et les constructions civiles*, p. 319, 520.

Ports de Bremerhafen et de Gestemünde. — La Députation des travaux des ports, siégeant à Brême, a exposé les modèles et dessins de ce double port situé à l'embouchure du Weser, et auquel le commerce maritime de Brême donne une grande activité. Il se compose d'une suite de bassins précédés d'avant-ports, protégés par des digues contre la haute mer, dont les quais bien outillés sont desservis par des voies ferrées, et comprend des docks et de nombreux magasins. Il est accessible aux plus grands navires, et les écluses d'entrée des bassins ont de 22 à 23 mètres de largeur. Cet important établissement, dont une description un peu détaillée excéderait le cadre de ce rapport, n'a fourni à l'Exposition, en fait de travaux récents, que le modèle du bassin de radoub que nous allons faire connaître.

Bassin de radoub de Bremerhafen. — Le Lloyd du nord de l'Allemagne a exposé le modèle de ce bassin, qu'elle a fait construire, à frais communs avec la ville de Brême, pour la réparation de ses grands steamers.

Cette forme est disposée pour recevoir deux navires placés l'un à côté de l'autre. Elle a environ 121 mètres de longueur utile, 36^{m},40 de largeur et 7^{m},50 de profondeur. L'écluse d'entrée a 17^{m},80 de largeur.

Il n'y a que cette écluse et l'arrière de la forme qui soient en maçonnerie. La partie intermédiaire est construite entièrement en charpente, tant pour le radier que pour les murailles latérales. Celles-ci présentent une inclinaison d'environ 3 de hauteur pour 1 de base. Il n'y a pas de gradins ordinaires, mais une large banquette à mi-hauteur.

La fermeture est faite par un bateau-porte en fer qui est disposé comme une grande caisse dont les parois sont verticales, mais bombées, dans le sens horizontal, dont le fond est courbe comme le radier et dont les côtés sont fortement inclinés, à l'instar du bateau-porte de la grande forme de Marseille. Le pourtour est garni en bois de teck avec un boudin de caoutchouc logé dans une gorge. Les bajoyers ont d'ailleurs des feuillures pour deux emplacements différents de la fermeture.

Le remplissage de la forme se fait en 45 minutes, par deux aqueducs communiquant avec le port. Pour la vidange, on verse la tranche supérieure de 5 mètres de hauteur dans le Weser, et le reste est enlevé par quatre pompes actionnées par une machine à vapeur de 80 chevaux. Cette opération exige cinq heures lorsqu'il n'y a qu'un navire dans la forme, et trois heures lorsqu'il y en a deux.

Il est à supposer que la disposition générale de cette forme, de largeur double, a été motivée par des sujétions locales, et que la configuration de l'emplacement disponible ne permettait pas d'établir une forme de largeur simple ayant la longueur de deux navires, ce qui eût facilité l'entrée et la sortie des navires et diminué le volume des épuisements. Peut-être la dépense eût toutefois un peu augmenté.

Port de Swinemünde. — L'Administration des travaux de l'État de Prusse a exposé le modèle d'un môle construit dans le petit port qui est situé à 55 kilomètres au N. O. de Stettin.

Jusqu'à ces derniers temps, les jetées exécutées en Prusse sur la Baltique étaient composées d'un massif de couches de fascinages superposées, à talus très-doux, surmonté d'une digue construite en blocs erratiques extraits des terrains antédiluviens des plaines du nord de l'Europe, et couronné par un pavage solide. Ces jetées ne présentent qu'une faible saillie au-dessus du niveau moyen de la mer, et sont inaccessibles par les gros temps. Les lames, en s'y brisant avec violence, y causent de fréquentes avaries et rejettent les enrochements dans les passes.

On a maintenant adopté un mode de construction différent, qui a été appliqué au prolongement du môle occidental de Swinemünde, d'après les projets et sous la direction de M. Hagen, conseiller supérieur intime des travaux publics. Le corps de la jetée est entouré de pieux espacés entre eux de 50 centimètres et inclinés vers l'intérieur, dont les têtes sont reliées longitudinalement par des moises, et transversalement par des tirants en fer, à des intervalles de $2^m,75$. Cet encoffrement, qui a environ $12^m,50$ de largeur, est rempli de blocs naturels reposant sur le fond sablonneux, et auxquels on laisse prendre le tassement et la stabilité nécessaires. Ces enrochements sont ensuite recouverts de blocs en béton, et le tout est couronné par une maçonnerie en ciment qui a environ 5 mètres au-dessus des mers moyennes.

On ménage dans cette maçonnerie des ouvertures par lesquelles l'air comprimé par les lames peut s'échapper : ce mode de construction est bien approprié aux circonstances locales. Les eaux de la Baltique étant relativement peu salées et ne contenant pas de vers tarets, les bois s'y conservent presque indéfiniment.

RUSSIE.

L'exposition de la Russie ne comprenait, en fait de travaux publics importants, que deux formes de radoub, existant dans le port de Kronstadt. On y remarquait, en outre, une machine à essayer la résistance des matériaux, analogue, mais nullement supérieure à celle qui figurait dans l'exposition du Ministère des travaux publics de France. Nous ne nous arrêterons donc pas à la décrire, et nous ne nous occuperons que des formes de Kronstadt, dont l'une est en maçonnerie, et l'autre flottante.

Le modèle de la première a été exposé par M. le baron Eugène de Tiesenhausen, et celui de la seconde par M. Szubottin Nikolaï.

La forme sèche peut recevoir les plus grands navires de guerre qui se construisent à Saint-Pétersbourg. Elle a une longueur utile de 152^{m},40 (500 pieds anglais). Sa largeur est de 25 mètres en haut et de 15^{m},85 au fond. Sa profondeur est de 9^{m},75. Elle comporte, pendant les marées ordinaires, un mouillage de 8^{m},23. Les murs latéraux ou bajoyers présentent quatre gradins à leur partie inférieure, et, en outre, une large banquette à environ 2 mètres en contre-bas du couronnement.

La forme est fermée par un bateau-porte en tôle ayant 21^{m},34 de longueur, du même système que celui des nouvelles formes du bassin de la Citadelle au Havre, c'est-à-dire à bords presque verticaux.

Cette forme est spécialement destinée à l'achèvement, au blindage et à l'armement des navires de guerre, et à cet effet elle est munie d'un outillage complet très-bien installé. Une voie ferrée est établie le long de chaque bajoyer. L'un des rails est fixé sur le couronnement du bajoyer; l'autre, placé à l'aplomb de la banquette dont il vient d'être parlé, est porté par une longrine en bois qui repose sur des piliers en maçonnerie et est retenue par des traverses en bois. Ces voies ferrées sont d'ailleurs en communication, par des plaques tournantes, avec des voies plus étendues, par lesquelles les matériaux sont amenés au bord de la forme. Des grues roulantes sont placées sur les rails bordant les bajoyers, et une grande grue pivotante fixe est établie à l'arrière de la forme. On voit que ce qu'il y a de plus remarquable dans cette forme, c'est l'installation de son outillage. Cette installation est bien motivée par la nature spéciale des travaux auxquels elle est appropriée. On ne l'étendra sans doute pas aux formes destinées aux navires de commerce; mais elle mérite d'être signalée en vue de l'outillage des formes des arsenaux militaires.

La forme flottante est construite dans le même système que celles de Hambourg que nous avons fait connaître dans la section allemande; mais elle est entièrement en fer. Elle se compose de cinq sections de 19^{m},81 de longueur, assemblées par de grands verrous. Sa longueur totale est de 99 mètres. Sa largeur est intérieurement de 24^{m},70, et extérieurement de 33^{m},53. La hauteur totale de la charpente est de 12^{m},50. Les bajoyers verticaux d'une section renferment chacun deux caisses étanches, entre lesquelles il y a une machine à vapeur et une pompe rotative. Il y a aussi deux machines d'épuisement distinctes par section.

Le tirant d'eau, lorsque les caisses étanches sont pleines, est de 1^{m},29 à vide, et de 3^{m},05 sous une charge de 1,200 tonneaux.

Ce grand ponton ne sert pas seulement à la réparation des navires, il sert encore plus souvent à transporter à Kronstadt les navires de guerre construits à Saint-Pétersbourg, et à leur faire franchir la barre de la Newa.

TURQUIE.

Dans l'exposition de la Turquie, il n'y avait rien qui eût rapport aux travaux publics, si ce n'est plusieurs collections de marbre et de matériaux de construction, une maison d'habitation bourgeoise très-bien disposée, qui a été édifiée dans le parc du Prater, et notamment une très-belle représentation en relief des rives du Bosphore dans toute son étendue, des coteaux qui le dominent, et de la ville de Constantinople. Ce dernier travail, très-soigné et très-détaillé, a été exposé par MM. Hirsch et Schwegel, qui l'ont exécuté d'après des opérations de levé et de nivellement effectuées par eux-mêmes.

SUISSE.

La Suisse n'a rien exposé en fait de travaux de route, de navigation et de chemins de fer, et nous n'avons à rendre compte que de deux expositions très-intéressantes qui étaient relatives, l'une à la défense contre les torrents alpestres, l'autre à l'utilisation industrielle des grandes chutes d'eau.

L'Union forestière a fait exécuter dans ces dernières années des travaux considérables pour combattre les ravages des torrents, et elle a notamment appliqué sur une grande échelle le système des barrages transversaux destinés à retenir les coulis de roches, de pierrailles, de bois et de boues qui se détachent des versants abrupts et des ravins, sous l'action des agents atmosphériques, et qui, transportés par les torrents, viennent encombrer les cours d'eau et les plaines des vallées. Dans d'autres circonstances, il s'agit d'arrêter le creusement du lit et la corrosion des berges des rivières torrentielles en créant des seuils fixes qui arrêtent les détritus.

Ces barrages, exécutés à pierre sèche, sont étagés de manière à créer des réservoirs successifs, et à transformer à la longue le fond des ravins et des vallées en une suite de gradins à faibles déclivités. Quand les réservoirs seront remplis, il faudra exhausser les barrages, et l'on ne pourra arriver à un état permanent qu'autant qu'on aura arrêté les désagrégations et les éboulements qui se produisent dans les parties supérieures des torrents. L'établissement des barrages doit donc se combiner avec l'ensemble des mesures à prendre pour l'extinction des torrents. Mais il procure, à lui seul, des résultats immédiats de la plus grande utilité.

Ces travaux de préservation contre les ravages des torrents sont appliqués depuis longtemps dans les Alpes françaises, et les principes en ont été posés pour la première fois par des ingénieurs de notre pays, notamment par M. Surell.

Un diplôme d'honneur, classé dans le groupe II (Agriculture), a été décerné à l'Union forestière de la Suisse.

La maison J.-J. Rieter et Cie, de Winterthur, a exposé des dessins de turbines et des plans de transmission par câbles télodynamiques, exécutés à Oberwesel, près de Francfort-sur-le-Mein, à Schaffhouse et à Fribourg, en Suisse, à Bellegarde (département de l'Ain), en France.

Nous n'avons pas à nous arrêter aux turbines, qui rentrent dans le groupe XIII (Machines), et nous n'avons à nous occuper des câbles télodynamiques qu'en tant qu'ils donnent le moyen de transmettre à de grandes distances la force motrice des cours d'eau. Nous n'avons du reste pas à dire comment fonctionnent ces câbles qui ont été inventés par un savant français, M. Hirn, et appliqués bien avant que la maison Rieter les lui eût empruntés. En effet, tandis que la première installation faite par cette maison à la Haute-Mark, près d'Oberwesel, date de 1861, l'application du système remonte à 1850 [1]. Le câble télodynamique a, d'ailleurs, figuré à l'Exposition de 1867, et est décrit dans l'un des rapports publiés par le Ministère des travaux publics.

La plus importante application de ce câble par M. Rieter est celle qu'il fait pour le compte de la Compagnie qui s'est constituée pour l'utilisation de la chute des eaux du Rhône, sous Bellegarde, dans le passage appelé *Perte du Rhône*. Les moteurs hydrauliques consistent en cinq turbines (système Jonval) de la force de 650 chevaux chacune, placées au fond de la Valserine. Les pièces principales de ces turbines sont fondues aux usines de Lhorme (département de la Loire). Les câbles qui transmettent la force sur le plateau de Bellegarde et la distribuent ont une longueur de 976 mètres. Au commencement de l'année 1873, la Compagnie avait déjà l'emploi de 1.650 chevaux de force.

M. Rieter a obtenu un diplôme d'honneur, classé dans le groupe XIII (Machines), pour l'ensemble de son exposition.

ITALIE.

Exposition des Ministères. — Le Ministère des travaux publics a réuni, pour l'Exposition de Vienne, des documents très-complets sur la construction et l'exploitation des chemins de fer, et sur la situation des voies de communication de toute nature. Ces documents sont trop étendus pour être

[1] Ce fait est consigné dans les Rapports sur les travaux publics et les constructions civiles de l'Exposition de 1867. (Rapport de MM. Jacqmin et Cheysson, p. 398.) On y voit aussi que M. Hirn n'a pas pris de brevet d'invention, et qu'il a toujours guidé de ses conseils les personnes qui ont voulu établir des câbles télodynamiques.

analysés, même sommairement, dans un simple rapport. Ils constatent à la fois la sollicitude du Gouvernement pour le développement des moyens de transport et les améliorations considérables qui ont été réalisées. Le même Ministère a aussi exposé de nombreux modèles et dessins de travaux hydrauliques, sur lesquels nous reviendrons tout à l'heure.

Le Jury lui a décerné un diplôme d'honneur.

Le Ministère de la marine a envoyé à l'Exposition des atlas et de nombreux plans, dessins et photographies, relatifs aux travaux importants qui sont en cours d'exécution pour la création d'un grand arsenal maritime dans le golfe de la Spezia. Une darse et quatre bassins de carénage sont déjà terminés. Les autres ouvrages seront conformes à un projet d'ensemble conçu dans de grandes proportions,

Le Jury du groupe XVIII avait proposé un diplôme d'honneur en faveur de la direction du génie militaire. Ce diplôme a été réuni à celui qui a été décerné au Ministère des travaux publics.

Le Ministère de l'agriculture, de l'industrie et du commerce a exposé une belle collection de marbres, de pierres à bâtir et d'autres matériaux de construction, naturels ou artificiels, dont la plupart servent à la décoration des édifices. Cette collection n'était qu'une fraction de celle qui a été formée à Rome par les soins des ingénieurs et des géologues les plus distingués de l'Italie. Elle constatait la richesse minérale de ce pays et offrait un sujet d'études utiles aux ingénieurs et surtout aux architectes.

Un diplôme d'honneur a été proposé pour le Ministère par le Jury du groupe XVIII. Ce diplôme a été classé au groupe II (Agriculture).

Exposition de la Compagnie des chemins de fer de la haute Italie. — Cette Compagnie a exposé un modèle du pont construit sur le Pô, à Borgo-di-Forte.

Cet ouvrage est composé de sept travées métalliques dont celles attenantes aux rives ont 53 mètres d'ouverture, et les cinq autres 64^{m},80. Le tablier est supporté par des poutres continues en treillis croisé ordinaire.

La structure métallique de ce pont a été exécutée par la Société française de Fives-Lille.

La même Compagnie a encore exposé des modèles concernant son matériel d'exploitation, parmi lesquels nous citerons : un appareil électrique destiné à faire connaître dans les gares la position des aiguilles des changements de voie, un signal de sonnerie muni d'un appareil de contrôle qui marque les signaux sur une bande de papier, de manière à constater si les signaux ont été bien donnés.

Exposition de la Société de construction dirigée par M. l'ingénieur Cottrau, de Naples. — Cette Société a exposé des modèles et des photographies de plusieurs ponts métalliques, avec poutres en treillis ordinaire, notamment de deux ponts de chemins de fer sur l'Adda et sur le Pescara. Ces ouvrages, très-bien exécutés, ne présentent aucune disposition nouvelle.

Ponts en maçonnerie sur le Volturno et la Sèle. — M. l'ingénieur Fiocca Genestine, de Naples, a exposé les dessins de deux beaux ponts en maçonnerie.

Le pont d'Annibal, sur le Volturno, se compose d'une arche en anse de panier très-surbaissée, de 60 mètres d'ouverture, et de deux petites arches latérales en plein cintre, assez basses pour conserver la résistance nécessaire à l'ensemble des maçonneries qui contrebutent la grande arche.

Le pont construit sur la Sèle se compose d'une arche surbaissée en anse de panier, de 55 mètres d'ouverture.

Les disposions de ces deux grands ouvrages sont fort bien conçues et produisent un très-bel effet.

Travaux hydrauliques. — C'est par les travaux hydrauliques que l'exposition italienne était surtout très-remarquable. Une collection d'un grand nombre de dessins, de modèles et de documents divers, presque entièrement réunie sous la direction du Ministère des travaux publics, faisait connaître les principaux ouvrages exécutés sur les rivières et canaux et dans les ports maritimes; la description de tous ces travaux, dont la plupart sont d'ailleurs déjà anciens, prendrait beaucoup trop de place, et nous ne pourrons qu'en mentionner les plus importants et ceux qui présentent quelque disposition originale.

Exposition concernant la ville de Milan. — L'Administration des travaux de la ville de Milan a exposé les dessins et les profils du canal de navigation et d'irrigation de Milan à Pavie. Une description des égouts de Milan a d'ailleurs été exposée par M. l'ingénieur Bignano.

Module milanais. — La direction des travaux du génie civil de cette même ville a exposé le modèle de l'appareil régulateur des prises d'eau faites dans le canal du Milanais, avec une notice de M. le chevalier Albino Paréo, ingénieur en chef de la province.

Le pouce d'eau milanais est la quantité d'eau qui s'écoule, par seconde, par un orifice rectangulaire de 3 pouces de Milan ($0^m,1487$) de largeur et de 4 pouces ($0^m,1983$) de hauteur, sous une charge de 2 pouces ($0^m,0992$) au-dessus du bord supérieur. L'usage de mesurer en pouces d'eau le débit des prises d'eau dans les canaux de la Lombardie remonte au XVIe siècle.

L'appareil régulateur qui est actuellement adopté présente les dispositions suivantes :

Un aqueduc rectangulaire fermé, de 120 pouces ($5^m,9495$) de longueur, est établi horizontalement dans une construction en maçonnerie, et suivi d'un canal à ciel ouvert de 108 pouces ($5^m,3546$) de longueur. dont le radier a une pente très-faible.

Le mur de tête de l'aqueduc est percé d'un orifice rectangulaire de 12 pouces de hauteur, et dont la largeur est égale à autant de fois 3 pouces que la prise d'eau doit fournir de pouces d'eau. Le seuil de cet orifice est placé au niveau du radier de l'aqueduc. Le mur qui le termine est percé d'un second orifice, appelé *bouche magistrale*, ayant une hauteur de 4 pouces et la même largeur que l'orifice d'entrée. Le seuil de cette bouche forme une saillie verticale de 8 pouces ($0^m,3966$) au-dessus du radier de l'aqueduc. Elle est percée dans une pierre de taille, sur une épaisseur de 3 pouces ($0^m,1487$), et est entourée d'un cadre en fer appliqué sur le parement intérieur de la pierre. afin de fixer invariablement le contour de cet orifice. La couverture de l'aqueduc est à 2 pouces ($0^m,0992$) au-dessus des bords supérieurs des orifices d'entrée et de sortie, en sorte que la hauteur de l'aqueduc est de 14 pouces ($0^m,6941$). La largeur de ce même aqueduc excède de 10 pouces ($0^m,4957$) la largeur des orifices.

Le canal à ciel ouvert qui fait suite à la bouche magistrale a une largeur qui excède de 4 pouces (0,1983) celle de la bouche. Son radier est établi, à son point de départ, à 1 pouce ($0^m,04957$) en contre-bas du bord inférieur de la bouche, et présente une pente totale de 1 pouce sur sa longueur de 108 pouces.

Au-devant de l'orifice d'entrée de l'aqueduc se trouve une vanne qui peut être levée jusqu'à une hauteur telle que l'eau remplisse l'aqueduc jusqu'à son recouvrement, et que la bouche débite à gueule bée le volume assigné à la prise d'eau, lorsque le canal dans lequel cette prise est pratiquée est à son niveau normal. Une barre de bois fixée sur la vanne empêche de lever celle-ci au-dessus de cette limite. De plus, la vanne est munie d'un verrou et d'une serrure dont la clef est confiée au gardien du canal.

Nous supposons que, lorsqu'on règle la position extrême de la vanne, on s'assure que l'eau touche le recouvrement de l'aqueduc à l'aplomb de la bouche magistrale, de manière à n'être soumise qu'à une pression égale à celle de l'atmosphère, ce qu'il est facile de constater en perçant un petit trou à travers le recouvrement.

Dans ces conditions, le débit équivalant à un pouce d'eau est de 34 litres 60 centilitres par seconde, d'après la notice de M. Albino Parco[1].

On dispose souvent le radier de l'aqueduc suivant un plan incliné joignant les seuils de l'orifice d'entrée et de la bouche de sortie. Dans ce cas, le débit est réduit à $33^{l},15$ par seconde.

Il est dit dans la même notice que « la quantité d'eau est constante malgré les variations de niveau de l'eau dans le canal dispensateur ». Cette assertion ne peut être exacte ; car, si l'eau s'élève dans ce canal au-dessus du niveau auquel correspond le débit réglementaire, la pression aux divers points de la bouche magistrale augmente et son débit augmente également. La perte de charge due aux frottements dans l'aqueduc croissant en même temps, la variation du débit est sans doute moindre que si la bouche était placée immédiatement contre le canal dispensateur ; mais, en réalité, l'appareil ne doit donner exactement le débit réglementaire que dans les conditions où il a été repéré.

Quoi qu'il en soit, il est très-important, dans un pays où les canaux jouent un si grand rôle pour l'alimentation des usines et pour les irrigations, qu'il soit constamment fait usage d'un appareil dont toutes les dispositions sont identiques, sauf la largeur variable des orifices suivant le nombre de pouces d'eau à concéder. Cependant celui que nous venons de décrire nous paraît trop compliqué, et nous ne pensons pas que ce soit un type à imiter.

Le pouce d'eau milanais n'est plus aujourd'hui le module légal applicable à toute l'Italie. Celui-ci est fixé à 100 litres par seconde.

Expositions diverses. — L'Administration des travaux publics de Bologne a exposé les dessins de la régularisation des rivières torrentielles de l'Idice et de la Quaderna, régularisation qui a mis fin aux dégâts causés par ces cours d'eau.

L'Administration des travaux publics de Venise a présenté l'historique des lagunes et des travaux d'amélioration qui y ont été exécutés.

L'Administration des travaux publics de Padoue a exposé des modèles

[1] La vitesse due à la hauteur de $0^{m},099$ à laquelle l'eau s'élève au-dessus du bord supérieur de la bouche étant de $1^{m},395$, et cette bouche ayant une surface de $0^{mq},029443$, le produit correspondant serait de $41^{l},10$ par seconde. Le débit réel étant de $34^{l},60$, le rapport entre ces deux quantités est de 0,842. Tel serait le coefficient de réduction (m) qu'il faudrait introduire dans la formule $q = m\omega\sqrt{2gh}$. Ce coefficient s'accorde assez bien avec celui de 0,80, en nombre rond, qui résulte des expériences faites pour des écoulements analogues.

de barrages destinés à défendre la ville contre les crues de la rivière de Barchiglione.

La Compagnie générale des canaux de l'Italie a exposé divers dessins du canal Cavour, qui réunit le Pô, près de Turin, au Tessin, et qui sert à la fois à la navigation et aux irrigations.

Desséchement du lac Fucin. — Le prince Alexandre Torlonia a exposé la description du desséchement du lac Fucin.

Ce lac, de plus de 15,000 hectares de superficie, occupait, à 650 mètres au-dessus de la mer, le fond d'une vallée située dans les Abruzzes (province d'Aquila) et entourée de tous côtés de hautes montagnes. Le lac n'avait ainsi pas d'écoulement naturel, et, selon les quantités variables des eaux affluentes et de celles enlevées par l'évaporation, son niveau éprouvait des oscillations considérables, dont les limites dépassaient 12 mètres [1].

Ces grandes variations de niveau amenaient alternativemeet la submersion ou l'émersion de vastes étendues de terrains dont la culture était tout à fait précaire, sinon impossible, occasionnaient l'inondation de plusieurs villages, et rendaient la contrée extrêmement insalubre.

Cependant le lac n'avait pas une grande profondeur, et, au-dessus du point le plus bas du fond, la hauteur d'eau atteignait rarement 20 mètres. Or, à l'ouest du lac, à une distance d'environ 6 kilomètres, coule, à un niveau plus bas que le fond, du lac, la rivière du Liris, l'une des branches supérieures du Garigliano, qui se jette dans le golfe de Gaëte. Le desséchement du lac pouvait donc être réalisé au moyen d'une galerie communiquant avec le Liris.

Le percement de cette galerie de 6 kilomètres à travers une montagne de plus de 250 mètres de hauteur fut conçu et arrêté par Jules César et exécuté vers la fin du règne de l'empereur Claude. Cette entreprise ne fut pourtant jamais réalisée définitivement. Par suite de vices de construction,

[1] Les observations précises remontent à 1783, et fournissent les résultats ci-après :

		Élévation.	Abaissement.
1783. Profondeur maximum du lac	12m,72	"	"
1816. *Idem*	21 ,93	9m,21	"
1835. *Idem*	9 ,50	"	12m,43
1846. *Idem*	15 ,05	5m,55	"
1850. *Idem*	12 ,14	"	2m,91
1861 (15 juin). *Idem*	18 ,68	6m,54	"
TOTAUX		21m,30	15m,34
DIFFÉRENCE		5m,96	

A cette dernière époque, la surface du lac était d'environ 15,000 hectares.

la galerie ne tarda pas à éprouver de graves avaries, finit par s'obstruer, et le lac Fucin, qui n'avait d'ailleurs été desséché que partiellement, fut de nouveau privé de tout écoulement.

A partir du XIIIe siècle, les gouvernements qui se succédèrent à Naples, sollicités par les plaintes des populations, songèrent à restaurer le canal émissaire de Claude, mais sans pouvoir mettre la main à l'œuvre. Le projet de cette restauration fut encore repris après 1814, mais n'aboutit pas plus que les projets précédents.

Ce fut seulement en 1852 que le dessèchement du lac Fucin entra dans une voie de réalisation sérieuse. En vertu d'un acte de concession délivré par le Gouvernement napolitain, le prince Alexandre Torlonia se chargea de cette vaste entreprise, à ses risques et périls, avec ses propres ressources, et sans l'aide d'aucune subvention.

Après une étude faite par deux ingénieurs anglais, MM. Hutton Gregory et William Parkes, et non suivie d'exécution, le prince Torlonia chargea, en janvier 1855, de la rédaction des projets et de la direction des travaux, l'un des plus éminents ingénieurs français, le bien regretté de Montricher, alors ingénieur en chef des ponts et chaussées à Marseille, assisté de M. Bermont, ingénieur civil. M. de Montricher fit abandonner l'idée de la simple restauration de l'émissaire de Claude, ainsi que du reste MM. Gregory et Parkes l'avaient également proposé, et fit adopter le percement d'une nouvelle galerie suivant la direction de l'aqueduc romain, mais avec une section beaucoup plus grande. Tandis que l'ancienne galerie n'avait que $1^{m},50$ de largeur et environ 5 mètres carrés de section, la nouvelle a 4 mètres de largeur, $5^{m},77$ de hauteur et $19^{mq},61$ de section.

Cette galerie, aujourd'hui terminée, a une longueur de 6,301 mètres, une pente d'environ 0,001, et pourrait débiter, si elle était pleine, environ 50 mètres cubes par seconde. Or les observations sur les quantités d'eau reçues par le bassin du Fucin, absorbées par le sol ou enlevées par l'évaporation, établissent que le volume à écouler est généralement bien inférieur à 20 mètres cubes par seconde, et qu'il ne dépasse jamais 32. La puissance d'évacuation de la galerie présente donc une très-grande marge pour toutes les éventualités qui pourront survenir à la suite de pluies extraordinaires.

L'écoulement n'est pas laissé entièrement libre : un double système de fermeture est établi en tête de l'émissaire, et se compose, d'une part, d'un barrage à poutrelles, et, d'autre part, de deux grandes vannes. Au moyen de ces vannes, on peut limiter l'écoulement de manière qu'il ne soit pas dommageable pour les propriétés riveraines du Liris. Il est, du reste, bien constaté que l'introduction des eaux du bassin du Fucin dans cette rivière est plus favorable que nuisible à son régime.

Les terrains traversés par la galerie sont des calcaires durs, des concrétions calcaires et des argiles. Elle est partout revêtue d'une maçonnerie d'environ 80 centimètres d'épaisseur.

Un canal de 15 mètres au plafond, établi suivant le thalweg du fond du bassin, amène toutes les eaux à l'entrée de l'émissaire. Indépendamment des canaux secondaires de desséchement, il sera établi, sur le périmètre des terrains desséchés, deux canaux collecteurs pour recevoir les eaux de quatre rivières qui coulent sur les versants. Ces collecteurs et le canal central seront endigués de manière à pouvoir contenir un volume de 30 millions de mètres cubes. On aura ainsi un réservoir qui permettra, dans les circonstances les plus graves, de régler convenablement tout le système hydraulique du bassin.

Les travaux entrepris en 1855 ont été poursuivis assez activement pour qu'au mois d'août 1862 on pût commencer la vidange du lac. La dépense s'est élevée à environ 30 millions de francs[1].

On eut à surmonter, en cours d'exécution, de très-sérieuses difficultés, aggravées par l'insalubrité des conditions climatériques.

En mai 1858, M. de Montricher succomba à une fièvre typhoïde contractée sur les chantiers. M. de Bermont, qui était son collaborateur depuis 1855, prit la direction des travaux; il mourut à son tour en 1870. Après lui, la direction échut à M. Brisse, qui avait été attaché, sous les ordres de M. de Montricher, aux travaux du canal de Marseille.

Au mois d'août 1862, lorsqu'on a commencé à vider le lac, sa surface était d'environ 15,400 hectares et sa profondeur maximum de $17^{m},23$. L'écoulement, interrompu à trois reprises pour diverses causes, a dû être opéré graduellement, tant dans l'intérêt du régime du Liris et de la conservation des ouvrages que pour ne pas découvrir de trop grandes surfaces de terrain à la fois. Le 1er juin 1872, la surface du lac était déjà réduite à 7,500 hectares, et sa plus grande profondeur à $3^{m},32$. Enfin, au mois d'avril 1873, la surface en eau n'était plus que de 3,500 hectares[2], et on peut aujourd'hui considérer le succès de l'entreprise comme assuré.

La grande entreprise dont nous venons de donner la description sommaire avait déjà figuré à l'Exposition de 1867, et avait valu au prince Torlonia une grande médaille d'or hors concours. Le Jury de l'Exposition

[1] Mémoire lu à l'Académie royale des sciences, par M. Betocchi, inspecteur du génie civil, dans la séance du 9 juin 1872, p. 24.

[2] Mémoire lu à l'Académie royale des sciences, dans sa séance du 9 juin 1873, par M. L. Clément Jacobini, professeur d'agriculture à l'Université de Rome, p. 31.

de Vienne, pour reconnaître la haute utilité de l'œuvre à laquelle le prince Torlonia s'est voué avec une persévérance digne d'éloges, lui a décerné un diplôme d'honneur.

Expositions diverses faites par des ingénieurs en leur nom personnel. — Parmi les expositions faites par des ingénieurs en leur nom personnel, il convient de mentionner celles qui se rapportent aux travaux suivants :

Travaux de défense des rives du Pô, près de Saravella et de Castiglia (M. Antonelli, ingénieur).

Travaux divers exécutés sur le lac de Sarno, aux environs de Salerne (M. Annibal Corrado, ingénieur), et sur le lac d'Agnano, près de Naples (M. Amandini, ingénieur).

Travaux d'irrigation et de desséchement à Grandvalle, près de Vérone (M. Antonio Zanella, ingénieur principal à Vérone).

Travaux divers exécutés sur le Piscolo, près de Brindisi (M. Antonio Sarlo, ingénieur), et sur le Volturno, près de Capoue (M. Antonio Majuri, ingénieur).

Régularisation de la Brenta et du Novissimo, à leur embouchure dans l'Adriatique, consistant à détourner leurs eaux et les sables qu'ils charrient des lagunes de Venise en les ramenant dans leurs anciens lits (M. Sanziani, ingénieur principal des travaux hydrauliques à Ravenne).

Travaux de desséchement des marais de la Toscane, près du littoral de la Méditerranée (M. Alfred Baccarini, ingénieur). Ces travaux consistent, comme tous ceux qui s'exécutent dans des circonstances analogues, à régulariser le cours des eaux venant des points supérieurs, à défendre les marais contre l'invasion de la mer, tout en versant dans celle-ci les eaux des canaux de desséchement, et à provoquer des colmatages. Ils sont déjà exécutés sur une très-grande étendue, et ont produit d'excellents résultats au point de vue de la fertilisation du sol et de la salubrité.

Modèle d'un barrage mobile sur le Lambro, à Linate (M. Giovanni Frassi). Ce barrage est établi pour une usine. Il se compose d'une ventellerie ordinaire et d'un déversoir surmonté par le barrage mobile dont il s'agit. Celui-ci est formé d'une suite de vannes en bois, de $3^{m},10$ de longueur et de 61 centimètres de hauteur, qui se recouvrent successivement de 10 centimètres dans le même sens. Chaque vanne peut tourner autour d'un axe vertical en fer qui la partage en deux branches inégales de $2^{m}.70$ et 40 centimètres de largeur. Supposons que le barrage soit fermé et que les grandes branches soient à la gauche des axes, si l'on regarde le barrage du côté d'amont, sur la rive gauche. La première vanne appuie sa grande branche sur un poteau-valet, et tout le système est en équilibre sous la pression de l'eau; mais, si l'on fait faire un quart de tour au poteau-valet, la première vanne se met en mouvement, son petit bout reculant vers l'amont entraîne dans le même sens la grande branche de la seconde vanne, dont la rotation angulaire n'est que le dixième environ de celle de la première, en sorte que le travail résistant de cette seconde vanne est moindre que le travail moteur de la première. Le mouvement se continue jusqu'à ce que la seconde vanne échappe à son point d'appui sur l'extrémité de la première. Elle prend alors, à son tour, un mouvement tournant dans le même sens que la première, et toutes les vannes s'ouvrent ainsi successivement jusqu'à la rive droite. On voit donc qu'on peut ouvrir presque instantanément le barrage par la simple manœuvre d'un poteau-valet. Ce système de barrage n'est évidemment applicable que pour de très-petites hauteurs, et même, dans ce cas, il n'est pas exempt d'inconvénients. Il nous a été assuré qu'il fonctionnait très-bien depuis 1864, à Linato. C'est, du reste, une simple extension du système de hausses mobiles qui fonctionne depuis plus longtemps sur les déversoirs du canal du Blavet, en France.

ESPAGNE.

L'exposition de l'Espagne n'a pu être complétée à cause de la révolution et de la guerre civile qui agitent la péninsule. Elle a cependant offert un haut intérêt, grâce surtout à la belle collection de dessins, de modèles et de documents divers qui a été réunie par les soins de la Junte Consultative des chaussées, canaux et ports, à laquelle le Jury a décerné un diplôme d'honneur.

Les expositions particulières ont été peu nombreuses. Elles avaient pour objet des échantillons très-variés de matériaux de construction, tels que ciments, briques, marbres, magnésites, albâtres, granits, ardoises.

L'exposition de la Junte susnommée comprenait les principaux ouvrages existant ou en construction en Espagne, des plans de ports fluviaux et maritimes, et divers modèles de quais, de bassins et de phares. Parmi ces ouvrages nous citerons les suivants, qui sont de date récente.

Pont de Quarizas. — Ce pont est composé de trois travées, dont celle du milieu a 52^{m},20 d'ouverture et les deux autres 45^{m},50. Les poutres en tôle et à treillis ordinaire sont élevées à 35 mètres au-dessus du sol. Les piles sont en maçonnerie sur 11 mètres de hauteur et en fonte sur les 24 mètres restants.

Phare de l'Èbre. — Ce phare, du premier ordre, est établi à l'embouchure de l'Èbre. Il est entièrement en fer, à l'exception d'un large soubassement en maçonnerie. Celui-ci est fondé au moyen de pieux à vis pénétrant dans le sable et enveloppés d'un massif d'enrochements.

Canal impérial del Lozoya, près de Saragosse. — Ce canal a donné lieu à des travaux d'étanchement très-intéressants. Il a du être établi, dans une certaine longueur, sur des voûtes enfouies dans le sol. Cette partie du canal est ouverte dans une couche de calcaire extrêmement fissurée, reposant sur un banc de gravier. Les piliers des voûtes ont été descendus à travers ce gravier jusqu'au rocher inférieur. Après leur achèvement, les arcades ont été recouvertes de remblais, en sorte qu'elles ne sont plus apparentes.

Môles des ports de Barcelone, d'Alicante et de Tarragone. — Ces môles étaient représentés par des modèles très-bien faits. Ils sont construits en enrochements et blocs naturels, d'après des dispositions et des profils généralement usités. Du côté du large, les talus en gros blocs s'élèvent jusqu'au couronnement du parapet, et, du côté intérieur, il y a le plus souvent de larges quais soutenus par des murs.

Môle en construction dans le port de Carthagène. — Ce môle était également représenté par un modèle dans lequel on remarquait un arrangement très-rationnel des blocs artificiels recouvrant le talus du large.

Ces blocs sont posés par assises horizontales, et, dans chaque assise, les longs côtés (4 mètres) des blocs sont dirigés obliquement, sous un angle de 45 degrès, par rapport à un plan vertical mené perpendiculairement à l'axe longitudinal du môle. Les blocs tournent ainsi l'une de leurs arêtes verticales vers le large, et, par leur juxtaposition, ils présentent une suite de redans.Les assises successives sont posées en retraite et à joints croisés, et par leur ensemble elles forment un talus hérissé d'aspérités pour briser la mer et dressé suivant une inclinaison assez roide. (Dans le modèle, cette inclinaison était de plus de $\frac{2}{3}$.)

En pratique, on est resté sans doute bien loin de la régularité géométrique du modèle. Mais il n'en est pas moins vrai que cette manière de disposer les blocs, lorsqu'elle est possible, même par à-peu-près, offre des avantages manifestes, et il sera intéressant de connaître les résultats qu'on aura obtenus à Carthagène.

PORTUGAL.

L'exposition du Portugal se composait presque exclusivement d'échantillons de matériaux de construction, tels que marbres, pierre à chaux et briques. En fait d'ouvrages exécutés, elle ne comprenait que des photographies de ponts, avec poutres à treillis ordinaire, parmi lesquels on remarquait un grand pont de sept travées sur le Tage.

ÉTATS-UNIS DU NORD DE L'AMÉRIQUE.

Les États-Unis du nord de l'Amérique se sont presque entièrement abstenus de participer à la partie de l'Exposition qui formait le groupe XVIII. Ils ont envoyé quelques dessins de maisons d'école et d'autres bâtiments dont nous n'avons pas à nous occuper dans le présent rapport. Quant aux travaux publics, nous n'avons à mentionner d'une manière particulière qu'un très-petit nombre d'ouvrages.

La Compagnie de Sutro (province de Nevada) a exposé les dessins d'un souterrain de 6,100 mètres de longueur, qui a été exécuté pour l'exploitation de gisements métallifères. Les renseignements nous manquent pour apprécier ce travail, qui paraît avoir présenté de sérieuses difficultés à cause de la grande dureté des roches.

Le général-major John Newton, de New-York, a exposé un modèle des travaux de déroctement du récif Hallets-Point, l'une des roches qui font obstacle à l'arrivée des grands navires à New-York par la passe appelée *Hell-Gate* (Porte-d'Enfer).

M. Malézieux, dans le rapport sur sa mission en Amérique, page 399, a déjà fait connaître en quoi consistent ces travaux: nous compléterons les renseignements qu'il a donnés par ceux contenus dans la notice déposée à l'Exposition de Vienne.

Le banc de roches dont il s'agit n'offre qu'un mouillage de $3^{m},70$ en contre-bas du niveau moyen des basses mers, jusqu'à une distance de plus de 800 mètres du rivage. On s'est proposé de porter ce mouillage à 8 mètres, et pour cela les extractions doivent s'étendre sur une surface d'environ 126,500 mètres carrés, et former un volume de 38,470 mètres cubes. C'est cette masse de roches qu'on veut faire sauter en bloc. Quant aux débris, on les enlèvera ensuite au moyen de dragues munies de griffes.

Voici comment les travaux ont été conduits. On a d'abord établi un batardeau demi-circulaire rattaché à la côte. Ce batardeau, formé d'un encoffrement rempli d'argile et de sable, n'a que 1^{m},60 de hauteur et a été d'une construction facile. Dans cette enceinte, on a déblayé le rocher à sec. Puis on s'est avancé en dehors de son périmètre, en cheminant aux profondeurs voulues, et en creusant des galeries concentriques et des galeries rayonnantes assez rapprochées pour ne laisser entre elles que des piliers d'une épaisseur suffisante pour soutenir le ciel, d'environ 3 mètres d'épaisseur, de cette vaste carrière souterraine.

Les galeries ont environ 1^{m},50 en hauteur et en largeur. Six des galeries circulaires sont continues et décrivent à peu près des demi-cercles appuyés sur la galerie qui longe le rivage. En avant de la sixième, on a atteint les pointes les plus avancées du récif par de petites galeries supplémentaires. Les galeries rayonnantes sont au nombre de quinze.

Le rocher est un gneiss très-tenace, à stratification presque verticale, et peu perméable. Les épuisements sont très-faciles.

Le forage des trous de mine est opéré par des machines à air comprimé, généralement par des machines à percussion, quelquefois par une machine à pointes de diamant. Le forage à la main est également employé. Les trous de mine ont de 90 centimètres à 1^{m},20 de profondeur. La charge pour chaque trou est d'environ 8 onces (226 gr. 70 centig.) de nitroglycérine. On a employé ces faibles charges pour ne pas ébranler le ciel et les piliers des galeries.

Le batardeau a été commencé en juillet 1869. Le 1er février 1873, la longueur totale des galeries était de 1,437 mètres et les travaux d'exploration étaient à peu près terminés. On avait tiré à cette époque environ 20,000 coups de mines sans accident.

Nous n'avons pu savoir exactement, pendant notre séjour à Vienne, où en étaient les travaux au mois d'août dernier. L'explosion finale n'avait pas encore eu lieu. Il nous a été assuré, depuis, que les galeries devaient être approfondies de manière à augmenter notablement le vide de l'excavation, dans laquelle la majeure partie des débris pourront rester enfouis sans gêner la navigation. L'expérience faite à San-Francisco, où une roche sous-marine a été dérasée par un procédé semblable, a en effet prouvé que l'enlèvement des débris par des dragages était très-coûteux, et qu'il convenait d'en réduire la quantité le plus possible. (Voir le mémoire de M. Malézieux, p. 393.)

Ce mode de dérochement sous-marin est fort remarquable. Lorsque les circonstances permettent d'y recourir, et que les masses à extraire sont considérables, il paraît offrir des avantages de plus d'une espèce sur les procédés ordinaires, consistant à forer des trous de mine à la surface des roches au moyen de machines spéciales plus ou moins perfectionnées.

On compte appliquer le même mode d'extraction dans la passe de Hell-Gate pour enlever un autre récif appelé *Flood Roa*, afin de porter la largeur du chenal à 365 mètres.

M. Albert Fink a exposé le modèle et les dessins du grand pont de Louisville (Kentucky), qu'il a construit sur l'Ohio, pour un chemin de fer, dans un système auquel il a donné son nom.

M. Malézieux a fait connaître, dans son rapport de mission (page 42, pl. X), en quoi consistent les dispositions de ce pont, qui a été livré à la circulation en février 1870.

Il se compose de vingt-sept travées métalliques.

Dans vingt-trois travées, les poutres sont inférieures au tablier et se composent d'un longeron horizontal qui est soutenu, dans l'intervalle des piles, par des potelets et des sous-tendeurs reliés au longeron, soit à ses extrémités, soit à des points intermédiaires. Les sous-tendeurs, qui joignent le bas du potelet central aux bouts du longeron, sont inclinés à environ 1 de hauteur pour 5 de base. Les assemblages sont d'ailleurs à articulation et non rigides, ainsi que cela est fort usité en Amérique. Ces poutres rentrent dans le système des poutres armées.

Dans les quatre autres travées, qui donnent passage à la navigation, les poutres sont supérieures au tablier, et se composent d'un longeron inférieur et d'un longeron supérieur, horizontaux tous deux, et reliés par des montants et par des pièces inclinées à 45 degrés, triangulées en forme de V.

Les vingt-trois travées à poutres armées ont des ouvertures très-variables depuis 45m,50 jusqu'à 75m,50 entre les axes des piles. Celles à poutres supérieures ont jusqu'à 122 mètres d'ouverture. Ces dernières poutres ont 15 mètres de hauteur et sont contreventées à des intervalles égaux à leur hauteur[1].

La longueur totale du pont est d'environ 1,600 mètres. Son tablier porte une seule voie ferrée. Le poids total du fer qui est entré dans sa construction est d'environ 3,950 tonnes.

Le système de M. Fink a été appliqué à plusieurs ponts à grandes portées en Amérique, et il faut reconnaître qu'il l'a été économiquement.

[1] D'après l'élévation qui figure sur la planche X du mémoire de M. Malézieux, il semble que deux des travées navigables sont formées par un pont tournant de 81 mètres de longueur totale.

Cependant il ne présente certainement pas la même rigidité que les divers systèmes de poutres adoptées en Europe, et nous ne doutons pas que ceux-ci ne continuent à être préférés. Le système adopté par M. Fink pour les poutres des travées navigables nous semble également très-sujet à critique. Le pont de Louisville n'a, du reste, été l'objet d'aucune récompense à l'Exposition de Vienne.

JAPON.

Dans l'exposition japonaise, les travaux publics ont été représentés : 1° par une carte de l'éclairage des côtes, qui montre les progrès accomplis dans cette branche du service maritime; 2° par le plan de l'arsenal maritime de Jokoska dans le golfe de Yeddo, et par le modèle d'une forme de radoub exécutée dans ce même arsenal; 3° par le modèle d'une seconde forme en construction à Yeddo.

La première forme, qui a été exécutée de 1867 à 1873, est en maçonneries. Elle a 124^{m},20 de longueur utile, 25 mètres de largeur à l'entrée, et comporte un mouillage de 7^{m},20 en vives eaux et de 5^{m},50 en mortes eaux. Elle est fermée par un bateau-porte en bois et fer, à bords presque verticaux.

La seconde forme est en cours d'exécution. Son radier et ses bords sont revêtus par une charpente. La tête, ainsi que le bateau-porte, est également en bois. Les bords de ce bateau sont inclinés comme toutes les parois intérieures de la forme.

Les travaux que nous venons de mentionner sont exécutés aux frais du Gouvernement japonais, d'après les projets et sous la direction d'ingénieurs français.

GRÈCE. — SUÈDE. — NORWÉGE.

Les expositions de la Grèce, de la Suède et de la Norwége comprenaient des cartes et autres documents concernant les voies de communication, des échantillons de bois et matériaux de construction et des plans d'édifices divers. Nous n'y avons trouvé rien à signaler d'une manière particulière, dans les limites restreintes de la rédaction du présent rapport.

ÉTAT DES RÉCOMPENSES ATTRIBUÉES PAR LE JURY

AUX EXPOSITIONS DU GROUPE XVIII.

Les récompenses décernées par le Jury de l'Exposition de Vienne ont reçu les dénominations suivantes :

1° Diplôme d'honneur de l'Exposition universelle de 1873 :

2° Médaille pour le progrès;
3° Médaille pour le mérite;
4° Médaille pour l'art;
5° Médaille pour le bon goût;
6° Médaille de coopération;
7° Diplôme de mérite (mention honorable).

Le Jury général a été divisé en 26 Jurys de groupes.

Les diplômes d'honneur ont été décernés par le Conseil des présidents des Jurys de groupes, sur la proposition de ces Jurys. Toutes les autres récompenses ont été décernées définitivement par les divers Jurys de groupes.

Le Conseil des présidents se composait des présidents, vice-présidents et rapporteurs des Jurys de groupes.

La médaille pour l'art était exclusivement réservée aux beaux-arts (peinture, gravure, sculpture, architecture); et la médaille de bon goût «était destinée aux exposants qui ont principalement exposé des produits de l'industrie dont la forme et la couleur étaient surtout dignes d'appréciation.» Il n'y avait donc à attribuer aux travaux publics que les cinq autres médailles indiquées ci-dessus.

D'après le règlement sur l'organisation du Jury (15 février 1873) et l'interprétation qui en a été faite par le Conseil des présidents (2 juillet), la distribution des récompenses a été soumise aux dispositions ci-après :

1° «Un exposant ne pourra recevoir, pour un seul et même objet d'exposition, qu'une seule médaille. Cependant un exposant qui expose différents objets dans des groupes différents, et qui sont également fabriqués dans différentes fabriques, pourra recevoir, pour chacun de ces objets, soit une médaille, soit un diplôme.»

2° «La médaille pour le progrès, celle pour le mérite, celle pour le bon goût et celle pour les beaux-arts ont une même valeur ainsi que le même rang.»

3° «Le diplôme d'honneur ne peut être accordé que pour des mérites exceptionnels en sciences, en arts ou en industrie, pour l'instruction du peuple, ou d'autres causes relatives à la prospérité de l'humanité.»

«Le nombre de ces diplômes qui peuvent être proposés au Conseil des présidents pour chaque groupe n'est pas fixé à l'avance; mais le Conseil des présidents n'accordera cette plus éminente marque de distinction, à moins que toutes les conditions réglementaires n'aient été remplies.»

6° «Un seul compétiteur, dans la même branche d'un établissement industriel, pourra obtenir un prix, soit, par exemple, pour dessin, chimie, etc.»

Le règlement du Jury porte, en outre, «que les exposants qui fonctionnent comme membres du Jury renoncent complétement au concours pour les récompenses. »

L'exposition des travaux publics ressortissait à la compétence du Jury du groupe XVIII, matériel et procédés du génie civil, travaux publics et architecture. Les travaux maritimes ayant été classés dans le groupe XVII (Marine) par les catalogues de quelques nations, le Jury de ce groupe a jugé les ouvrages des ports et des phares au point de vue de l'usage que la marine était appelée à en faire, tandis que le Jury du groupe XVIII les a jugés dans leur intégralité, tant sous le rapport de leur destination que sous celui de leur exécution.

En rapprochant les articles réglementaires 1 et 6 ci-dessus mentionnés, le Jury du groupe XVIII a décidé que, pour le même objet d'exposition, il ne serait accordé qu'une médaille unique, soit principale, soit de coopération. Par suite de cette décision, une seule médaille a dû être attribuée collectivement à l'ingénieur en chef et à l'ingénieur ordinaire pour des travaux où leur collaboration était tellement liée qu'il eût été impossible d'assigner une part exclusive à l'un ou à l'autre. Lorsque plusieurs ingénieurs se sont succédé dans la direction d'un même ensemble d'ouvrages, le Jury s'est borné à décerner la récompense à ceux qui avaient le plus contribué aux projets et à l'exécution des ouvrages qui avaient principalement motivé l'exposition.

DIPLÔMES D'HONNEUR ATTRIBUÉS AU GROUPE XVIII.

DÉSIGNATION DES NATIONS.	NOMBRE DES DIPLÔMES DÉCERNÉS			NOMBRE DES DIPLÔMES individuels.	NOMBRE TOTAL DES DIPLÔMES.
	à des administrations publiques.	à des compagnies.	à des écoles.		
France	2	//	1	3	6
Allemagne	2	2	//	//	4
Autriche	//	2	//	1	3
Hongrie	3	//	//	//	3
Hollande	//	1	//	2	3
Italie	1	//	//	1	2
Belgique	//	//	//	1	1
Espagne	1	//	//	//	1
TOTAUX	9	5	1	8	23

A ces diplômes il convient d'ajouter, pour la France, celui qui a été décerné à la Société générale de sauvetage des naufragés, dont les engins faisaient partie de l'exposition du Ministère des travaux publics. Ce diplôme a été proposé par le Jury du groupe XVII, avec l'adhésion du Jury du groupe XVIII, et a été attribué au groupe XVII.

Le Jury du groupe XVIII avait proposé de décerner deux diplômes, pour la Suisse, l'un à M. Rieter, de Winterthur, pour ses applications des câbles télodynamiques de M. Hirn; l'autre à l'Union forestière, pour les travaux de défense contre les torrents. Le premier de ces diplômes a été attribué, dans la liste des récompenses, au groupe XIII (Machines), et le second au groupe II (Agriculture).

Le Jury du groupe XVIII avait encore proposé des diplômes d'honneur en faveur de la Compagnie I. R. P. des chemins de fer de l'État d'Autriche et du Ministère de l'agriculture, de l'industrie et du commerce de l'Italie. Ces deux diplômes ont été attribués, dans la liste des récompenses, respectivement au groupe I (Métallurgie) et au groupe II (Agriculture).

Un diplôme d'honneur proposé en faveur de M. Dahlmann, ingénieur en chef de la députation du port de Hambourg, a été attribué à cette députation dans le groupe XVII.

Enfin un diplôme d'honneur proposé en faveur de la Direction du génie militaire d'Italie a été réuni au diplôme décerné au Ministère des travaux publics de cette nation.

TABLEAU COMPARATIF DES MÉDAILLES ET MENTIONS HONORABLES

DÉCERNÉES AUX EXPOSANTS DES DIFFÉRENTES NATIONS PAR LE JURY DU GROUPE XVIII.

DÉSIGNATION DES NATIONS.	NOMBRES DES ARTICLES D'EXPOSITION — inscrits au catalogue : principal.	inscrits au catalogue : supplémentaire.	non inscrits au catalogue officiel.	empruntés à des groupes autres que le groupe XVIII.	ENSEMBLE. — N.	NOMBRE DES MÉDAILLES — de progrès. — P.	de mérite. — M.	NOMBRE — des médailles principales. — P. M.	des mentions honorables. — m.	TOTAL des récompenses principales. — P. M. m.	des médailles de coopération. — C.	TOTAL des récompenses. — T.	RAPPORTS ENTRE LE NOMBRE des ARTICLES D'EXPOSITION et le nombre — des médailles. — P. M. / N.	des récompenses principales. — P. M. m. / N.	TOTAL des récompenses. — T / N
France	130	»	28	1	159	31	56	87	16	103	57	160	0,55	0,65	1,00
Autriche	260	2	13	20	295	22	54	76	55	131	12	143	0,25	0,44	0,48
Hongrie	132	»	3	1	136	2	7	9	12	21	»	21	0,07	0,15	0,15
Allemagne	162	»	10	5	177	23	23	46	33	79	4	83	0,26	0,45	0,46
Italie	117	»	17	3	137	11	29	40	11	51	2	53	0,29	0,37	0,39
Angleterre et colonies	29	»	»	6	35	6	8	14	8	22	»	22	0,40	0,63	0,63
Indes anglaises	71	11	»	»	82	»	2	2	»	2	»	2	0,02	0,02	0,02
Russie	35	»	1	2	38	3	7	10	9	19	»	19	0,27	0,50	0,50
Hollande	9	»	4	»	13	4	7	11	2	13	5	18	0,85	1,00	1,38
Belgique	21	»	1	1	23	5	3	8	5	13	2	15	0,35	0,57	0,65
Espagne	»	28	3	1	32	2	4	6	5	11	»	11	0,18	0,34	0,34
Portugal	12	»	»	3	15	»	2	2	6	8	»	8	0,13	0,53	0,53
États-Unis du nord de l'Amérique	14	»	2	2	18	»	3	3	2	5	»	5	0,17	0,28	0,28
Suède	17	»	»	1	18	»	1	1	4	5	»	5	0,06	0,28	0,28
Norwége	1	»	»	1	2	»	1	1	1	2	»	2	0,50	1,00	1,00
Suisse	16	»	»	1	17	1	1	2	2	4	»	4	0,12	0,24	0,24
Turquie	68	»	1	»	69	1	1	2	1	3	»	3	0,03	0,43	0,43
Grèce	10	2	»	»	12	»	2	2	»	2	»	2	0,17	0,17	0,17
Japon	1	»	»	1	2	2	»	2	»	2	»	2	1,00	1,00	1,00
TOTAUX	.....	.....	.....	.....	1,280	113	211	324	172	496	82	578			
MOYENNES													0,25	0,39	0,45

Le Catalogue officiel contient des omissions et des erreurs de classification, et par suite il y a, dans la liste des récompenses, des articles qui n'ont pas de numéros ou qui ont été classés dans d'autres groupes que celui du Jury compétent. Dans cet état de choses, on ne peut établir exactement le nombre des articles d'exposition. Dans le tableau précédent, nous avons ajouté, pour chaque nation, au nombre des articles attribués au groupe XVIII dans le Catalogue officiel (en tenant compte des catalogues additionels et supplémentaires), le nombre des articles qui n'ont pas de numéros dans la liste des récompenses de ce groupe, ou qui sont cotés avec des numéros d'autres groupes. C'est à ce nombre total (N) que le nombre des récompenses accordées a été comparé.

Pour apprécier les résultats consignés dans ce tableau, il faut observer, d'une part, que, dans le groupe XVIII, on a exposé un grand nombre de matériaux de construction, de produits métalliques, d'appareils de chauffage, de ventilation, et d'autres appareils concernant les habitations; d'autre part, que les pays les plus éloignés de Vienne n'ont fourni ces objets que dans une proportion relativement très-faible.

Les expositions les plus complètes ont donc été naturellement, à cause de la moindre distance des transports, celles de l'Autriche, de la Hongrie et de l'Allemagne, et c'est à elles surtout que l'exposition française doit être comparée. La facilité des transports explique ainsi le nombre considérable de mentions honorables accordées à l'exposition autrichienne. Par contre, c'est à la même cause qu'est due, sans doute, l'absence de toute espèce de matériaux et d'appareils domestiques dans l'exposition hollandaise, laquelle était des plus remarquables sous le rapport des grands ponts et des travaux hydrauliques.

L'Angleterre et l'Amérique se sont presque abstenues d'exposer des travaux de routes, de chemins de fer, de navigation ou d'architecture, en sorte que leurs expositions n'étaient nullement en rapport avec l'importance des travaux publics dans ces deux pays.

Paris, le 4 avril 1874.

CHARLES KLETZ.

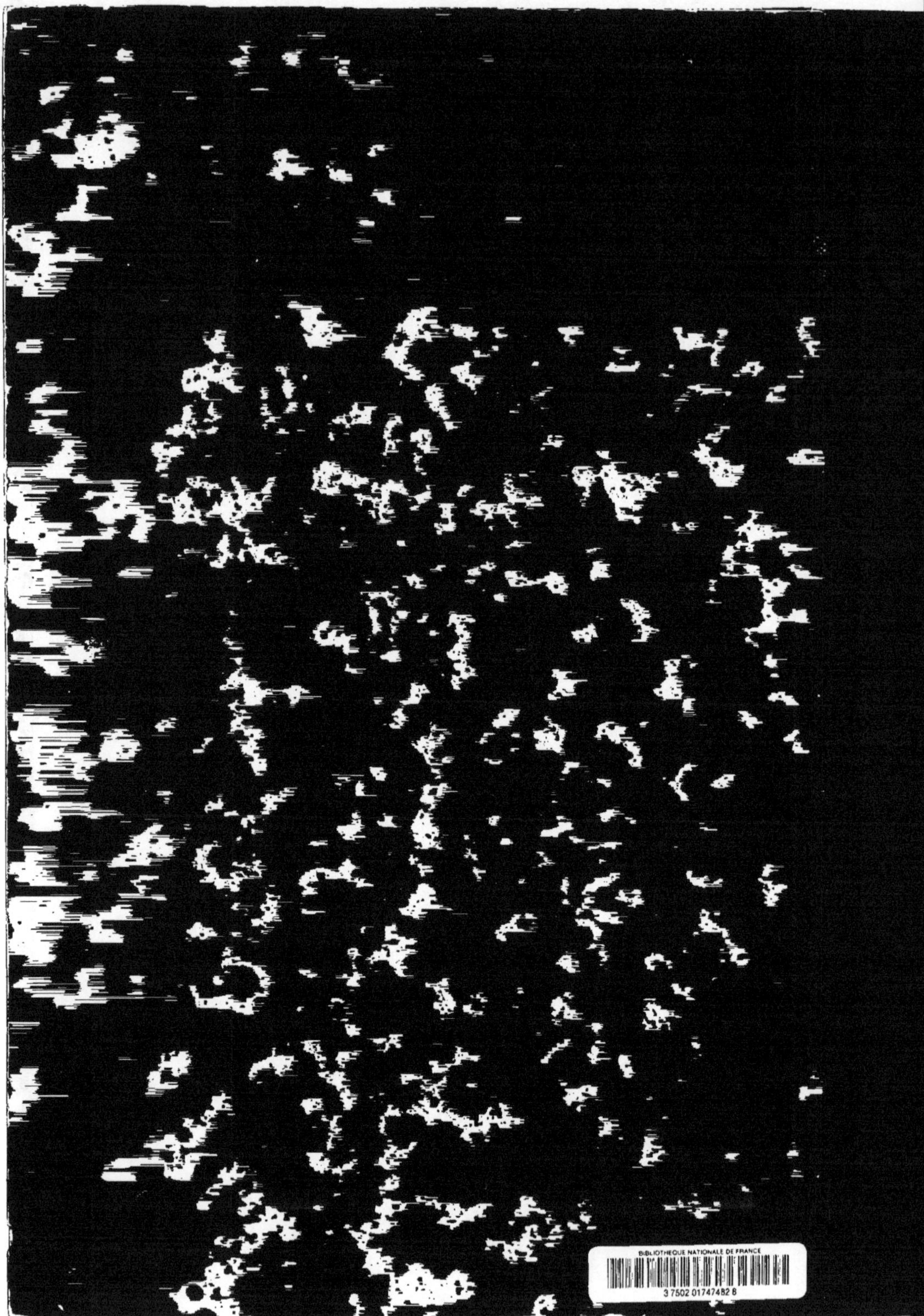

www.ingramcontent.com/pod-product-compliance
Ingram Content Group UK Ltd.
Pitfield, Milton Keynes, MK11 3LW, UK
UKHW022058190726
13855UKWH00002B/543

9 782013 353854